中国科学院大学研究生教材系列

微电子工艺与装备技术

夏 洋 解 婧 陈宝钦 编著

科学出版社

北 京

内 容 简 介

本书重点介绍微电子制造工艺技术的基本原理、途径、集成方法与设备。主要内容包括集成电路制造工艺、相关设备、新原理技术及工艺集成。本书力求让学生在了解集成电路制作基本原理与方法的基础上,紧密地联系生产实际,方便地理解这些原本复杂的工艺和流程,从而系统掌握半导体集成电路制造技术。本书内容由浅入深,理论联系实际,突出应用和基本技能的训练,教学仪器及实验室耗材等全部操作均采用案例教学的方式。

本书可作为集成电路科学与工程、电子科学与技术学科的研究生教材,也可供相关工程技术人员参考使用。

图书在版编目(CIP)数据

微电子工艺与装备技术/夏洋,解婧,陈宝钦编著. —北京:科学出版社,2023.3
中国科学院大学研究生教材系列
ISBN 978-7-03-075192-8

Ⅰ. ①微… Ⅱ. ①夏… ②解… ③陈… Ⅲ. ①微电子技术-研究生-教材 Ⅳ. ①TN4

中国国家版本馆 CIP 数据核字(2023)第 046182 号

责任编辑:潘斯斯/责任校对:刘 芳
责任印制:师艳茹/封面设计:迷底书装

科学出版社 出版
北京东黄城根北街 16 号
邮政编码:100717
http://www.sciencep.com
北京虎彩文化传播有限公司 印刷
科学出版社发行 各地新华书店经销
*
2023 年 3 月第 一 版 开本:787×1092 1/16
2023 年 12 月第二次印刷 印张:15 1/4
字数:380 000
定价:88.00 元
(如有印装质量问题,我社负责调换)

作 者 简 介

夏洋，男，博士生导师，毕业于北京大学、北京科技大学，目前担任中国科学院微电子研究所研究员、中国科学院大学岗位教授、全国纳米技术标准化技术委员会委员，从事集成电路设备研发及教学工作。

解婧，女，硕士生导师，毕业于清华大学、中国科学院半导体研究所，目前担任中国科学院微电子研究所副研究员、中国科学院大学岗位教授，从事 MEMS 技术和设备系统研发及教学工作。

陈宝钦，男，博士生导师，毕业于北京大学，曾在中国科学院微电子研究所担任研究员，目前担任中国科学院大学岗位教授、全国半导体设备与材料标准化技术委员会副主任、全国半导体设备和材料标准化技术委员会微光刻分技术委员会秘书长，从事集成电路设备研发及教学工作。

序

微电子学是信息产业的基础，在许多领域，如集成电路、LED 照明、显示、光伏、传感器、物联网、生物医学等方面取得了重要应用，其发展水平直接影响整个信息技术的未来。其学科和产业的高速发展也导致了微电子人才紧缺。我国对微电子科学研究、产业应用及人才培养高度重视，目前已有上百所学校开设了微电子学与固体电子学、集成电路、材料等相关专业，并于 2015 年批准建设 26 所国家示范性微电子学院，其目的是培养大量国家急需的工程性人才。

微电子学是在实验基础上发展起来的，其典型应用——集成电路制造工艺也是一种高端的制造技术。微电子技术为多种学科融合，主要涉及物理、化学、数学等学科，和光、机、电、软等多种技术集成，且具有技术升级更新快的特点。

应广大师生的迫切需求，中国科学院大学开设了系列微电子相关课程。除系统的理论教学外，中国科学院大学也一直在探索实践微电子实验教学，力求使学生在学习微电子基本原理与方法的基础上，自主独立完成复杂的集成电路制备工艺和流程，从而系统掌握集成电路制造技术。由于集成电路设备十分昂贵，中国科学院大学微电子研究所组织相关技术团队专门开发了教学型系列集成电路设备（E 系列），同时在中国科学院大学怀柔校区建设了集成电路科教融合实验室，用于中国科学院大学教学和科研。该校区开设了"集成电路工艺及装备技术"课程，经过五年的教学实践，取得了良好的效果，相关课程获中国科学院教育教学成果奖特等奖，深受广大师生欢迎。

为了更加方便学生学习，在历年课程讲义的基础上，中国科学院微电子研究所组织教师编写了该书。这是一部介绍半导体集成电路和器件制备技术的专业书籍。该书涉及半导体工艺与制造过程的主要技术及装备，从实验室前沿技术到工业化主流技术均有介绍，同时理论与实验内容相结合，能更好地帮助学生理解半导体技术的基本原理与相关设备及工艺流程。

该书重点介绍了半导体集成电路制造工艺的基本原理、技术与设备，避开了复杂的数学理论，难易适中、简洁明了。内容紧密地联系生产实际，示例的"讲授+研讨+实验"型教学模式让教师能够进行实际的教学演示，学生通过使用教材可以独立动手实践操作，力求真正达到"学以致用"的目的，为培养集成电路工艺技术及装备专业型工程人才打下坚实基础。

中国科学院大学集成电路学院院长　叶甜春

2022 年 7 月

前　言

　　集成电路技术作为一种高端制造技术，在电子工程、集成电路、纳米科技、微机械系统、照明显示、生物医学等多领域均有重要应用，其发展水平直接影响着整个信息技术的未来。相关的微电子学课程以半导体物理等专业课为主，涉及半导体物理、半导体材料、半导体器件与测量、半导体制造技术、微电子封装技术、半导体可靠性技术、集成电路原理、集成电路设计、模拟电路、数字电路、工程化学、电路 CAD 基础、可编程逻辑器件、电子测量、单片机原理等相关知识。

　　为适应高等院校对半导体技术、集成电路和器件工艺等相关课程教学的需求，并针对集成电路具有多学科融合、多技术集成、更新换代快等特点，中国科学院微电子研究所及中国科学院大学多位教师合力编写了本书。书中设计了结合理论教学和实验教学的实践教学模式，从微电子制造关键装备的角度，对工艺技术的基本原理、途径、集成方法进行了描述。在实验过程中，本书设置了关键知识点及学科最新进展，教师可以此为参考进行实际的教学演示。也期望学生能够从实践操作中直观地理解工艺及装备原理，实现科学前沿和系统教学的高度融合。

　　同时，本书也针对非电子信息专业以及无实验经验学生的特点和学习要求，注重由浅入深，理论联系实际，将教学仪器及实验室耗材等全部操作均采用生动的案例教学方式进行呈现。希望在此基础上将本学科知识更充分地与产业相结合、协作创新、交流共享，促进多学科科研互动和以团队为基础的平衡与开放。

　　本书的出版得到了中国科学院大学教材出版中心和中国科学院微电子研究所的资助，在此表示感谢。

　　由于作者水平有限，虽然经过多次修改，书中难免还存在不足之处，恳请读者批评指正。

作　者

2022 年 8 月

目　　录

第 1 章 基 础 知 识

1.1 集成电路产业介绍

1.1.1 基本概念

当今世界的科技与民生离不开信息产业,信息产业离不开集成电路。其中集成电路产业或者说半导体产业已经成为这场技术革命的重心。其主要技术包括半导体材料技术、集成电路设计、半导体制造工艺技术、微电子装备技术。

1. 集成电路产业的概念

集成电路制造工艺非常复杂,需要许多特殊工艺步骤、材料、设备以及供应产业。这个产业中有如表 1-1 所示的几种基本概念。

表 1-1 集成电路产业基本概念

名称	解释
微电子学 (Microelectronics)	微电子学是电子学的子领域,作为一门学科,主要研究集成电路设计、制造、测试、封装、应用等内容[1]
半导体 (Semiconductor)	以半导体器件为主的电子工业的简称(早期叫法),其概念及范围与微电子是类似的[2]
集成电路 (Integrate Circuit, IC)	将电路的大部分(或全部)以连续制程集成在共用的基板上的一类微型元器件的统称[3],电子信息产业中几乎所有电子产品均包含集成电路[2]
芯片 (Microchip/Chip/Die)	还未封装的集成电路单元,内置在硅晶片上的微小分层矩形中,但通常与集成电路/半导体概念混用[4]

2. 集成电路企业分类

集成电路产业实际上是一个高技术产业。当前比较著名的集成电路企业 Logo 如图 1-1 所示。半导体或集成电路企业有如表 1-2 所示的分类。

图 1-1 当前比较著名的集成电路企业 Logo

表 1-2　集成电路企业基本分类

分类	解释
IDM (Integrated Device Manufactory)	设计、制造、封测和销售集成电路的垂直整合型半导体公司，通常设有内部制造厂来制造其集成电路[5]，如 Intel、TI、SAMSUNG
Foundry	晶圆上制造 IC 芯片的专业代厂商，常表示一套装备系统，可按合同完成标准工艺晶圆生产[4]，如 SMIC 和 TSMC
Fabless	没有晶圆制造能力的半导体公司，以 IC 设计为主[4]，如 AMD、高通、苹果、联发科、华为海思等
Chipless	做知识产权(Intellectual Property，IP)块或内核设计，并授权给半导体公司，不生产和设计芯片[5]，如 ARM
Fablite	有少量晶圆制造的轻晶片 IC 公司，部分制造外包[5]

1.1.2　集成电路技术的发展

1. 集成电路的发展趋势

1958 年，美国德州仪器(Texas Instruments, TI)公司的 Jack St. Clair Kilby 所领导的科研组研制出世界上第一块双极型平面集成电路。该集成电路包括 12 个器件，基于锗衬底形成台面双极型晶体管和电阻，器件之间通过超声焊接引线连接。随着 1959 年该结果的公开，微电子技术以令世人震惊的速度开始发展，推动着整个社会各行各业的不断进步[6,7]。

1965 年，美国 Intel 公司的前董事长戈登·摩尔(Gordon Moore)提出了集成电路发展速度的推测，即半导体芯片上集成的晶体管和电阻数量将每年增加一倍[8]。后人对该预测进行了扩展，即"摩尔定律"(Moore's Law)，也就是集成电路工艺每三年升级一代，集成度翻二番(4 倍)，特征尺寸缩小 30%[8-10]。

几十年来，世界集成电路的发展一直沿着"摩尔定律"的预测路线发展，集成电路产业经历了小规模、中规模、大规模、超大规模和特大规模集成电路的发展阶段。随着集成电路芯片技术的发展，单块半导体硅晶片上集成的元器件数目越来越多，性能越来越高，而芯片的成本则越来越低。集成电路的功能和速度飞速提高，推动着整个社会各行各业的进步。

如今，集成电路制造工业作为信息技术的核心和物质基础，已经成为国民经济中重要的组成部分。微纳光刻与微纳米加工技术又是集成电路制造工业中关键技术的驱动者，关键技术指标繁多，包括如下几种。

(1)特征尺寸(Critical Dimension)。

(2)均匀性(CD Uniformity)。

(3)套刻对准(Overlay)。

(4)工艺窗口(Process Window)。

(5)产率(Throughput)。

这些技术指标直接决定了集成电路的性能，已经成为衡量半导体制造技术发展程度的重要标准。

　　集成电路的工艺技术包括光刻、刻蚀、氧化、扩散、掺杂、溅射、化学机械抛光等，涉及数千道工序，工艺非常复杂[6]。在集成电路制造领域，一个普遍的规律就是"一代设备，一代工艺，一代产品"。随着芯片制造技术的不断推进，芯片的特征尺寸不断缩小，均匀性和产量也不断提升，单晶圆上的芯片数量不断递增。

　　随着新型器件结构、新材料、新原理器件和工艺集成技术的不断进步，硅基工艺已经形成非常强大的产业能力。集成电路的集成度不断加大，逻辑集成电路的集成度已经达到百万门级，存储器和微处理器集成电路的集成度已经达到亿门级[6,7]。

　　由于制造难度的不断增加，近年来，"摩尔定律"的周期已经开始逐渐变长[11]。集成电路行业在业务和技术领域都面临严峻的挑战与变化，商业环境中的竞争变得越来越激烈。整个集成电路的发展路线如图 1-2 所示，进行了三次较大变革。为了满足市场需求，降低芯片价格和缩短上市时间对于生存都是至关重要的。而新制造装备系统需要巨额投资，开发下一代工艺技术的巨额成本也使得各公司之间需要共同开发。这迫使许多IDM 公司将其商业模式更改为 Fabless(没有晶圆制造能力的半导体公司)或 Fablite(有少量晶圆制造的轻晶片 IC 公司)[12]，并通过开发新市场、新产品和新技术来应对这些挑战。

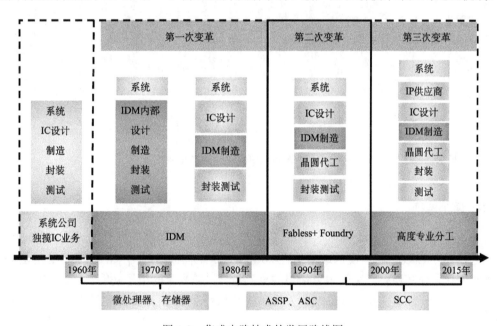

图 1-2　集成电路技术的发展路线图

2. 集成电路的发展特点

总体而言，集成电路发展的特点如下。

(1)特征尺寸越来越小。

(2)硅圆片尺寸越来越大。

(3)芯片集成度越来越高。

(4)时钟速度越来越高。

(5) 电源电压/单位功耗越来越低。

(6) 布线层数输入/输出(I/O)引脚越来越多。

其中，以光刻机产业为根基的 ASML 公司于 2018 年 9 月 13 日宣称其 NXT:2000i 符合 5nm 工艺制程，正开展研究 1.5nm 工艺制程技术。而以半导体代工产业为根基的台湾积体电路制造股份有限公司的 3nm 工厂已经通过环评，于 2020 年开展量产。

在中国境内，集成电路是最大的进口产品，中国集成电路进口额持续增长，如图 1-3 所示。2022 年，进口金额达 4155.8 亿美元，出口金额达到了 1539 亿美元。

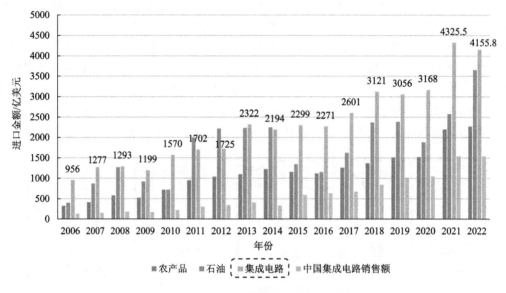

图 1-3　中国集成电路进口额持续增长

1.1.3　摩尔定律

集成电子学(也称为集成微电子)是一个涉及集成电路和功能器件的设计、制造和使用问题的电子领域。这些技术最早是在 20 世纪 50 年代被演绎出来的，其目的是使电子设备小型化，使其在有限空间内以最小的重量包含日益复杂的电子功能[8-10]。1959 年，仙童半导体(Fairchild Semiconductor)公司和德州仪器公司分别独自发明了首个集成电路元件。

在泛半导体产业中，将多个电子元器件集成于同一个硅片等半导体材料的衬底上是非常重要的发展步骤和趋势。从 Intel 4004 芯片上的 2300 个晶体管开始，Gordon Moore 的著名法则一直指导着晶体管不断缩小其在微芯片上的密度。而 Gordon Moore 关于晶体管技术的未来的理论最早出现在 1965 年 4 月的 *Electronics* 上[8]。几年后，由加利福尼亚理工学院教授卡弗·米德(Carver Mead)将其称为"定律"，摩尔定律继而成为一种自行推进与实现的预言，体现出了集成电路的发展在集成电路复杂性上的增长趋势。

之后集成电路发展过程中，陆续发展出了几种方法，包括用于单个元器件、薄膜结构和半导体集成电路的微组装技术。每种方法在后续的发展中，都迅速发展并趋于一致，因此每种方法都部分地借鉴了另一种技术,这也使得许多研究者认为,未来的发展道路是各种方法的有效结合。

甚大规模集成电路设计和制造集成电路所需技术快速的变化,导致新设备和新工艺不断引入。我们可以大致以集成在一块芯片上的元件数来划分集成时代,如表 1-3 所示[13]。集成电路技术从粗糙的单晶体管到亿量级晶体管的微处理器和存储芯片的显著发展是一个引人入胜的故事。从 1959 年第一块商用平面晶体管问世后仅六年,Gordon Moore 就观察到一个惊人的趋势:每个芯片的元器件数量大约是每年翻一番。1956 年,每个芯片的元器件数量达到约 6 个组件。Gordon Moore 预测到根据这一趋势推算,十年,也就是 1975 年,拥有 65000 个组件的芯片将问世。这种对电路密度指数增长的观察已经被证明是目前趋势预测最好的例子,这就是著名的摩尔定律,如图 1-4 所示。1975 年之后,随着经济形势的放缓,Gordon Moore 将增长趋势的预测修改为每两年翻一番[14],而 Intel 公司的首席执行官大卫·豪斯(David House)所预测的是,每 18 个月会将芯片的性能提高一倍(即更多的晶体管)。尖端芯片生产的工厂成本(EDA 软件、相关硬件、IP 采购、芯片验证、流片、人力……)则会每四年翻一倍。

表 1-3 集成电路的发展时间表

电路集成	集成电路产业周期	每个芯片元件数/个
无集成(分立元件)	1960 年之前	1~10
小规模集成电路(SSI)	20 世纪 60 年代前期	2~50
中规模集成电路(MSI)	20 世纪 60~70 年代前期	20~5000
大规模集成电路(LSI)	20 世纪 70 年代	5000~100000
超大规模集成电路(VLSI)	20 世纪 70~80 年代后期	100000~1000000
甚大规模集成电路(ULSI)	20 世纪 90 年代后期	大于 1000000

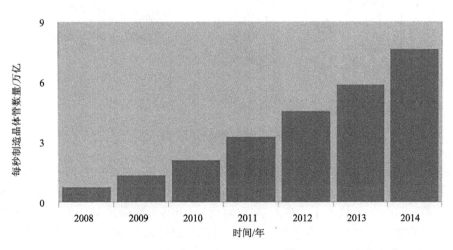

图 1-4 摩尔定律统计图[4]

国际半导体技术蓝图（International Technology Roadmap for Semiconductors, ITRS）的 2013 年报告预测，至少在 2028 年以前，晶体管栅长（电流必须在晶体管流过的距离）及其他重要逻辑芯片的尺寸将继续缩小。同时报告预测，继续缩小微处理器中晶体管的尺寸在经济上不可取——集成电路将发展垂直结构并建造多层电路。随着集成电路及相关产业技术的不断发展，集成电路产业逐渐构成了一个全面的、端到端的计算生态系统视图，包括设备、组件、系统、体系结构和软件。其中包含以下几方面[15]。

(1) 系统集成：关注如何从设计上在计算机体系架构中整合异构模块。

(2) 系统外连接：关注无线技术。

(3) 异构集成：如何将不同技术集成为一体。

(4) 异构组件：MEMS、传感器等其他系统设备。

(5) 非 CMOS 结构：自旋电子学、忆阻器以及其他不是基于 CMOS 的设备。

(6) 摩尔定律升级（More Moore）：继续关注 CMOS 元件缩小。

(7) 工厂集成：关注新的集成电路生产工具和工艺。

1.2 集成电路行业基本材料

半导体这一名称是由半导体材料（导电能力介于导体与绝缘体之间）而来的。建成具有单一功能的简单芯片最早使用的半导体材料是锗。按照固体能带中禁带宽度的不同，材料导电能力存在差异，可以把固体材料分为三类：绝缘体（Insulator）、半导体（Semiconductor）、导体（Conductor）（图 1-5）。

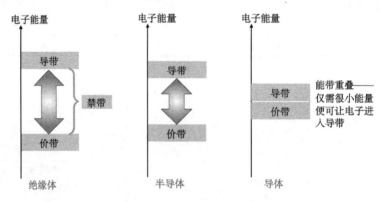

图 1-5 集成电路材料分类

集成电路产业中，我们主要关注元素周期表族号从 IA 到ⅧA 各列中出现的主族元素，如图 1-6 所示。例如，ⅢA，3 价电子，掺杂半导体材料的元素（主要为 B），常见互连线（Al 等）；ⅣA，4 价电子，多为半导体材料，以共价键形式存在，是集成电路产业中的重点开发对象；ⅤA，5 价电子，掺杂半导体材料元素（主要为 P 和 As）；ⅧA，8 价电子，稳定，活性极弱，纯气态，可以安全地用在半导体制造方面；ⅠB，最佳金属导体，如 Cu 取代 Al 成为主要半导体互连材料；ⅣB～ⅥB，常用于耐高温金属，改善金属化过程（尤其是 Ti、W、Mo、Ta 和 Cr），和硅反应稳定的化合物具有良好的导电性。

族群	特性
ⅢA	• 3价电子 • 掺杂半导体材料的元素（主要为B） • 常见互连线（Al）
ⅣA	• 4价电子 • 半导体材料 • 共价键形式
ⅤA	• 5价电子 • 掺杂半导体材料元素（主要为P和As）
ⅧA	• 8价电子 • 稳定，活性极弱 • 纯气态，安全地用在半导体制造方面
ⅠB	• 最佳金属导体 • Cu取代Al作为主要半导体互连材料
ⅣB~ⅥB	• 常用于耐高温金属，改善金属化过程（尤其是Ti、W、Mo、Ta和Cr） • 和硅反应稳定的化合物具有良好的导电性

图 1-6　集成电路材料分类

1.2.1　导体材料

导体中由于存在大量可自由移动的带电粒子(载流子)，其电阻率相对较小，具有良好的导电性。在外电场作用下，载流子可做定向运动，形成明显的电流，因此导体是电子容易以电流方式流过的材料，是互连材料的主体之一。

半导体工艺中的导体材料包括硅化物和金属材料，用作低阻互连、欧姆接触、金属/半导体整流等。在集成电路中，金属因为电阻率低，是常见的集成电路导体材料。金属中自由电子的浓度很大，金属原子的外层价电子很容易挣脱原子核束缚形成自由电子，所以电导率通常比其他导体材料更高。通常集成电路包含多层金属，如图 1-7 所示，5 层以上的金属层器件结构，在超大规模集成电路(VLSI)中是很常见的[2, 16, 17]。

对于互补金属氧化物半导体(CMOS)器件，寄生电阻的影响非常大，所以需要采用高电导率的材料。在 90nm 工艺节点之前，集成电路工艺中，选择低电阻率的铝作为主要互连材料，之后以铜和低介电常数材料(low-k)配合为主。而在集成电路的布线工艺中，对光刻要求最高的是第一层金属导体材料的光刻。通常与接触孔接触的金属层图形间距(Metal Pitch)(即金属线的宽度与邻近金属间隙尺寸之和)将作为一个技术代(CD)的两倍来成为重要工艺节点指标。

1.2.2　绝缘体材料

集成电路中，互连引线的电阻 R 与互连材料的电阻率 ρ、连线长度 l、引线宽度 w、引线厚度 t_m 有关：

$$R = \frac{\rho l}{w t_m} \tag{1-1}$$

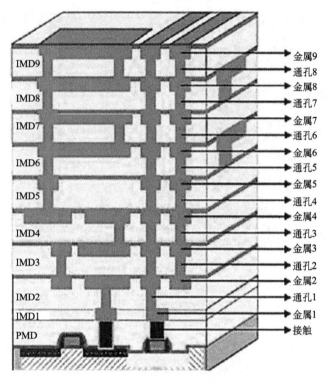

图 1-7　集成电路中的导体材料

而系统的电容 C 与互连引线的几何尺寸以及互连引线下面介质层的介电常数 ε 和介质厚度 t_{ox} 有关：

$$C = \frac{\varepsilon w l}{t_{ox}} \tag{1-2}$$

因此，互连线的 RC 常数为

$$RC = \frac{\rho \varepsilon l^2}{t_m t_{ox}} \tag{1-3}$$

由此可知，低电阻率的互连材料和低介电常数的介质材料可以有效降低互连系统延迟时间。

在集成电路制造过程中，绝缘体一般起介质的作用，如在电容极板之间加入介质，可以提高电容的容值；金属互连层间隔离介质，可以降低两个金属层间的等效电容。而半导体材料因为具有较小的禁带宽度(如 Si 为 1.11eV)，其值介于绝缘体(>2eV)和导体之间。这个禁带宽度允许电子在获得能量时从价带跃迁到导带。

出于对 CMOS 电路寄生电容的考虑，互连线之间的介电材料需采用低介电常数材料。

1.2.3　半导体材料

半导体是指常温下的导电性能介于导体与绝缘体之间的一种材料，其导电性可以控制，是从绝缘体至导体之间的材料[2, 16]。

晶圆(也称晶片)制造中最重要的半导体材料是硅。总量超过 85%的芯片采用半导体硅晶片当做衬底。为什么更早于硅的半导体材料锗(Ge)现在没有占据统治地位呢？首先，因为硅元素储量丰富，在地球表面的含量仅次于氧，列第二位，占地壳总质量的25.7%，而锗是稀有元素。其次，硅具有稳定的氧化物，很容易形成稳定的氧化硅(SiO_2)薄膜。氧化硅可以作为多种器件的绝缘层材料，并且可以在器件工艺中作为离子注入或扩散的阻挡层。高品质氧化硅薄膜的成功研制，推动硅集成电路成为商用品的主流产品[2, 18, 19]。而锗的氧化物不具备较好的化学稳定性，不能抵抗集成电路制程中的很多工艺步骤带来的影响。另外，硅具有更高的熔点和更宽的工作温度范围。所以现在的集成电路产业中，硅还一直占据统治地位。

除此之外，还有很多化合物半导体用于集成电路器件。其中主要是二元化合物砷化镓、磷化铟、硫化镉、碲化铋等。其次是二元和多元化合物，如镓铝砷、铟镓砷磷、磷砷化镓、硒铟化铜及某些稀土化合物(如 SeN、YN、La_2S_3 等)。它们可以用于制备光电子器件、超高速微电子器件和微波器件等。

1.3 集成电路制造工艺

1.3.1 集成电路制造

集成电路制造涉及 9 个大的制造阶段，包括前期研发、设计、材料研制、拉单晶、硅片研磨、器件工艺研制、晶圆切割与拣选、装配与封装、终测等，具体如图 1-8 所示。其中集成电路制造厂的设备工程师的职责主要是维护生产设备的稳定作业。而集成电路制造厂的工艺工程师的职责则主要是开发工艺菜单，达到工艺规格要求。

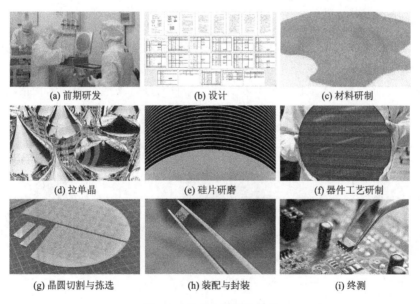

(a) 前期研发　　　(b) 设计　　　(c) 材料研制
(d) 拉单晶　　　(e) 硅片研磨　　　(f) 器件工艺研制
(g) 晶圆切割与拣选　　　(h) 装配与封装　　　(i) 终测

图 1-8　集成电路制造技术

其中，上游工艺主要为芯片制造前道工艺，包括有薄膜生长工艺(CVD、PVD、外延、电镀……)、掺杂工艺(离子注入、扩散、退火……)、刻蚀工艺(湿法刻蚀、干法刻蚀……)、图形转移工艺(光刻、匀胶显影……)等。而下游工艺主要为封装测试后道工艺，包括有线宽、颗粒、套刻检测，射频、数模混合信号检测，贴装、薄膜剪裁、键合等[2, 16-20]。具体的工艺分布如图 1-9 所示。其中物理气相沉积、化学气相沉积、光刻工艺、刻蚀工艺、离子注入工艺等关键工艺将在后续章节中详细介绍。

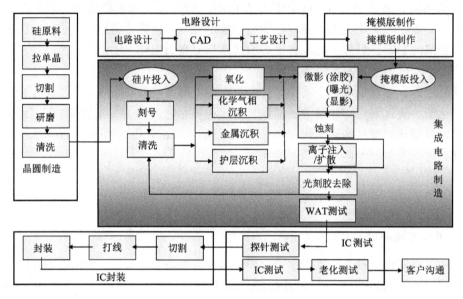

图 1-9　集成电路制造阶段

1.3.2　硅片制造

半导体级硅(Semiconductor-Grade Silicon, SGS)需要具有高纯度(>99.9999999%)。按照结构，半导体级硅又可以分为三类：非晶，原子排列无序；单晶，晶胞在三维方向上整齐地重复排列；多晶，晶胞排列长程无序、短程有序。按照晶面的米勒指数，半导体级硅又分为(100)、(110)、(111)三种[2, 20]，如图 1-10 所示。

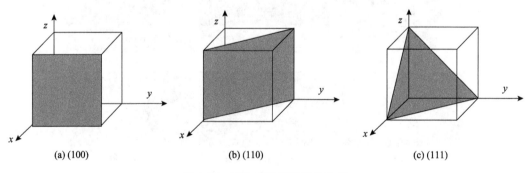

(a) (100)　　　　　　　　　(b) (110)　　　　　　　　　(c) (111)

图 1-10　硅片米勒指数晶片分类

硅片的制造过程主要分为 10 个制造阶段[2, 16-20]，如图 1-11 所示。其中，拉单晶是把多晶块转变成大单晶，给予正确的定向和适量的 N 型或 P 型掺杂。制备方法包括直拉法、悬浮区熔法。直拉法价格便宜、尺寸大(>300mm)，可以碎片及多晶再利用，其中用坩埚会产生杂质。悬浮区熔法不用坩埚，制备的单晶纯度更高，可做高压大功率元件，但价格较高、尺寸较小。

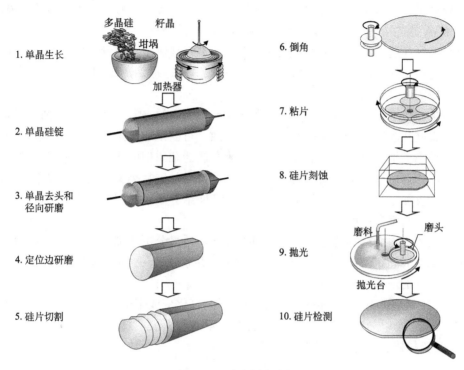

图 1-11 硅片制造过程

某些情况下，需要硅片有非常纯的与衬底有相同晶体结构(单晶)的硅表面，还要保持对杂质类型和浓度的控制。这就需要通过在硅表面沉积一个外延层来实现。外延层的掺杂剂量和掺杂类型不依赖于衬底本身，而取决于外延层的生长工艺和材料。外延层的厚度可以不同，用于高速数字电路的典型厚度是 0.5~5μm，用于硅功率器件的典型厚度是 50~100μm。

1.3.3 氧化工艺

硅片上的氧化物可以通过热生长或者沉积的方法产生。高温氧化工艺发生在硅片制造厂的扩散区域。在硅片表面生长或者沉积的氧化物为薄膜层状结构。通过将硅片暴露在高温氧气氛围里，可以生长氧化物。硅之所以被认为是最普遍应用的半导体衬底材料，主要原因之一就是硅片易于生长质量良好的氧化层。生长氧化层会消耗一定量的硅。

不同方法制备的 SiO_2，其密度、折射率、电阻率等都会不同，其被腐蚀的速度也会不同。在集成电路中，氧化硅可以起到器件保护和隔离的作用，还可以使表面钝化。在早期的电路中可以充当栅氧电介质，还可以作为掺杂阻挡，以及金属间的介质层(不是热生长而是沉积)。

1.3.4 杂质掺杂

掺杂是指把杂质引入半导体材料的晶体材料中,以改变它的电学性能(如形成器件中的多数载流子、电阻率)的一种方法。向硅中掺杂(N 型或 P 型)可以提高硅的导电性。ⅢA 族和ⅤA 族的一些元素可以作为硅片制造过程中的杂质。

硼和磷这样的杂质可以用来形成硅器件中的多数载流子,以增加硅片的导电性能,也可以改变材料的性能(如二氧化硅中掺杂以形成硼磷硅玻璃,即 BPSG),还可以使得多晶硅电极的电导率提高。

扩散是微电子工艺中常用的工艺,在 900~1200℃的高温,杂质(非杂质)气氛中,杂质向衬底硅片的确定区域内扩散,又称热扩散。目的是通过定域、定量扩散掺杂改变半导体的导电类型、电阻率或形成 PN 结。掺杂区的杂质剖面决定了实际掺杂剂量与深度的关系,因而可以表示掺杂区的特性。掺杂区可以与硅片类型相同也可以不同。在硅片中,P 型杂质与 N 型杂质相遇的界面,称为 PN 结界面,其深度称为结深,深度为结深的地方电子与空穴浓度相等。

离子注入是将掺杂剂通过离子注入机的离化、质量分析和加速,形成一束由所需杂质离子组成的高能离子流而注入半导体晶片内部,并通过逐点扫描完成对整个晶片的注入。

离子注入的基本过程如下。

(1)将某种元素的原子或携带该元素的分子经离化变成带电的离子。

(2)在强电场中加速,获得较高的动能后,射入材料表层(靶)。

(3)改变材料表层的物理或化学性质。

1.3.5 化学机械平坦化

化学机械平坦化(Chemical Mechanical Planarization, CMP),又称化学机械研磨(Chemical Mechanical Polishing, CMP),是一种从氧化硅、金属和多晶硅表面平坦化形貌的工艺[21],结合化学力和机械力使表面光滑,因此在某种程度上,可以认为该工艺是化学蚀刻和自由研磨抛光的混合体。它是一种全局平坦化技术。化学机械平坦化在半导体工业中具有广泛的应用,例如,集成电路或芯片、化合物半导体等的制造。

为什么需要进行平坦化呢?因为更高的芯片密度加剧了表面起伏的程度。随着目前 IC 设计中越来越频繁地使用多层金属技术,并且要求更小的器件和互连尺寸,先进 IC 的表面出现更高的台阶和深宽比更大的沟槽,使得台阶覆盖和填充变得更困难,如图 1-12 所示。

在 CMP 通用工艺全面开展之前,采用了反刻、玻璃回流(BPSG)、旋涂膜层等工艺。其中,反刻不能实现全局平坦化;而玻璃回流需要采用高温,不满足深亚微米技术段工艺需求;而旋涂膜层只能满足 0.35μm 工艺及以上应用需求。CMP 则在先进工艺制程中起到了重要作用。没有 CMP,超大规模集成电路(VLSI)几乎不可能实现。

抛光速率和均匀性是 CMP 的关键参数。抛光速率指的是在平坦化过程中材料被去除的速度(nm/min 或 μm/min)。硬的抛光垫一般能通过更为致密的图形结构来最大限度地减少表面损伤,一般有较大的片内非均匀性。软的抛光垫则可以减少表面擦痕。较大

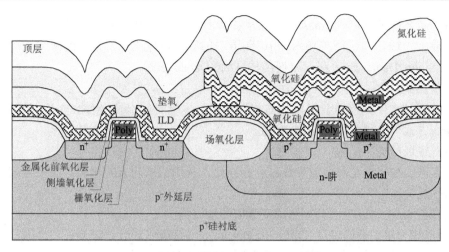

彩图

图 1-12 硅片制造中出现的台阶等图形

的压力和旋转速率将提高抛光速率，但可能牺牲均匀性，有更严重的表面损伤和沾污。小的压力可以改善平整性，但是片间非均匀性将会增大。还有在抛光过程中，磨料的运动速度会影响抛光速率，硅片周边磨料的运动速度快，磨料多，为保证抛光速率的均匀性，一些设备在磨头中通入氮气在硅片表面施加背压，使硅片中心凸起，改善速率问题。

CMP 的应用包括如下几种。

(1)深槽填充的平坦化。

(2)生产中间步骤中氧化层和金属间电介层的平面化。

(3)接触孔和过孔中的金属接头的平面化。

1.3.6 CMOS 后道工艺

1. CMOS 后道工艺发展

互补金属氧化物半导体(Complementary Metal Oxide Semiconductor, CMOS)后道工艺在 90nm 工艺节点之前为铝互连，之后为铜/low-k 互连。集成电路工艺中对光刻要求最高的是第一层金属，而通常第一层金属间距(即金属线的宽度与邻近金属间隙尺寸之和)为一个技术代(CD)的两倍。出于对 CMOS 电路寄生电阻控制的考虑，需要采用高电导率材料。而出于对 CMOS 电路寄生电容的考虑，互连线之间的介电材料需采用低介电常数材料。为了提高互连的可靠性，还需控制互连线材料的电迁移。

这也是 Cu 互连占据主导地位的原因。Cu 互连电阻率低，可减小引线的宽度和厚度，从而减小分布电容，降低了互连线的延迟时间。并且 Cu 互连的抗电迁移性能好，应力迁移小，可靠性高。

2. 大马士革镶嵌工艺

由于 Cu 互连中的引线干法刻蚀工艺难度较高，采用了先在介电层上刻蚀出金属导电图形槽，再填充金属以实现多层金属互连的工艺。该工艺因与古代大马士革

(Damascus)工匠的镶嵌(Damascene)技术相似而得名。采用 Cu-CMP 的大马士革镶嵌工艺是目前唯一成熟和已经成功用于 IC 制造中的铜图形化工艺。其中镶嵌结构包括单镶嵌结构(Single Damascene)和双镶嵌结构(Dual Damascene)。

1)单镶嵌结构

单镶嵌结构仅把单层金属导线的制作方式由传统的(金属层刻蚀+介质层填充)方式改为镶嵌方式(介质层刻蚀+金属填充)。

2)双镶嵌结构

双镶嵌结构将通孔及金属导线结合在一起,都用镶嵌的方式来做,其中金属填充步骤只需一道。

(1)沉积介电层以干法蚀刻完成双镶嵌图形结构。

(2)沉积一层扩散阻障层(Diffusion Barrier)、铝制程(TiN)、铜制程(TaN)。

(3)金属沉积、铝制程(PVD)、铜制程(PVD、CVD 或电镀)。

(4)CMP。

双大马士革镶嵌工艺的具体工艺流程剖面图如图 1-13 所示。

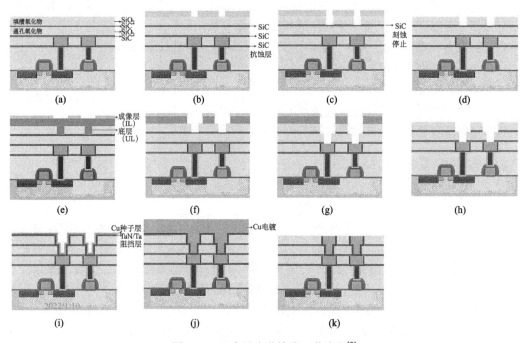

图 1-13　双大马士革镶嵌工艺流程[2]

1.3.7　集成电路测试

集成电路测量学是测量制造工艺的性能以确保达到质量规范标准的一种必要的方法。为了完成这种测量,需要样片、测量设备和分析数据的方法。传统上,大部分在线数据可以从样片(又称监控片)上收集,若需更精确地对生产过程进行监控,可以使用实际流片过程中的有图形的硅片,如图 1-14 所示。

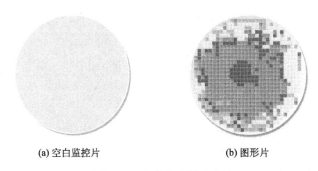

(a) 空白监控片   (b) 图形片

图 1-14 集成电路测试方法

晶圆电气测试(WET)通常称为晶圆验收测试(WAT),是对某些晶圆电气特性的测量,以确定完成的晶圆是否得到正确处理[22]。这是为了在不断变化的产品环境中,检验可接受的电学性能,保证芯片制造过程完整、正确。测试不会增加单个芯片的价值,但是实时监测制造过程中的芯片质量,可以保障芯片良率,从而降低芯片成本,这对于芯片设计商和制造商来说,都是非常重要的。

硅片级测试指的是晶圆级检测,而不是在封装好的芯片上进行测试,具体包括在线参数测试和硅片测试,如图 1-15 所示。

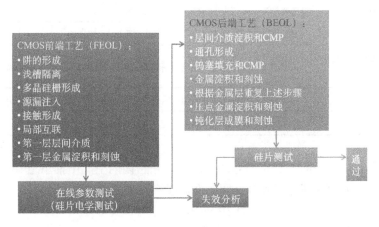

图 1-15 硅片级测试

而硅片拣选(Wafer Sort)测试,也称电学拣选(Electrical Sort)测试、硅片探针测试(Wafer Probe)或者探测(Probe),目的是检验硅片上哪些器件能够正常工作,具体包含以下内容[23]。

(1)芯片功能:检验所有芯片功能达标的操作,确保只有好的芯片被送到装配和封装的下一个 IC 生产阶段。

(2)芯片分类:根据工作速度特性(通过在几个电压值和不同时间条件下测试得到)对好的芯片进行分类。

(3)生产成品率响应:提供重要的生产成品率信息,以评估和改善整体制造工艺的能力。

(4)测试覆盖率：用最小的成本得到较高的内部器件测试覆盖率。

1.4 集成电路基础知识

1.4.1 真空系统

真空是指在给定的空间内低于一个标准大气压的气体状态，是一种物理现象。在"虚空"中，声音因为没有介质而无法传递，但电磁波的传递却不受真空的影响。事实上，在真空技术里，真空是相对大气而言的，一特定空间内部的部分物质被排出，使其压力小于一个标准大气压，我们称此空间为真空或真空状态。真空常用帕斯卡（Pascal）或托尔（Torr）①作为压力的单位。在自然环境里，只有外太空堪称最接近真空的空间[19]。

多种薄膜沉积工艺必须在真空环境中进行，否则空气分子的碰撞作用，将严重妨碍沉积的过程。真空度则因沉积方法和沉积物的性质而异。真空的益处及作用包括表 1-4 所示的几点。

表 1-4 真空的益处及作用

益处	作用
创造洁净的环境	去除颗粒，不需要的气体、水汽和污染物
降低分子密度	减少系统中的分子密度，减少沾污，去除起妨碍作用的气体
增大分子碰撞的距离（平均自由程）	提供必要的条件创造集成电路制造业中溅射和刻蚀等工艺需要的等离子体区域
加速反应进程	降低反应的压强，使得它们可以更快地与其他原料反应，从而有助于加速进程
产生一种动力	产生一种动力，如机械臂控制硅片所需要的真空吸力、样品固定用的真空吸力

在实验室和工厂中制造真空的方法是利用泵在密闭的空间中抽出空气以达到某种程度的真空[24]。在真空技术中按照压力的高低，真空可以分为以下几种。

(1)粗真空（Rough Vacuum），为 $10^5 \sim 10^2$Pa。

(2)中度真空（Medium Vacuum），为 $10^2 \sim 10^{-1}$Pa。

(3)高真空（High Vacuum），为 $10^{-1} \sim 10^{-5}$Pa。

(4)超高真空（Ultra-High Vacuum），为 10^{-5}Pa 以下。

一般采用真空泵组成真空抽气系统抽气后才能获得满足生产和科学研究过程要求的真空。由于真空应用所涉及的工作压力的范围很宽，因此任何一种类型的真空泵都不可能完全适用于所有的工作压力范围，只能根据不同的工作压力范围和不同的工作要求，使用不同类型的真空泵[25]，具体如表 1-5 所示。

---

① 1Torr=1.33322×10^2Pa。

表 1-5 真空的获取方式

真空泵类型	极限压强/mbar[①]	启动压强/mbar
旋叶泵	1×10^{-3}	1×10^{3}
水蒸气喷射泵	1×10^{-3}	1×10^{3}
罗茨真空泵	取决于前级泵	1×10
涡轮分子泵	1×10^{-6}	1×10^{-2}
油扩散泵	1×10^{-9}	1×10^{-4}
溅射离子泵	1×10^{-11}	1×10^{-3}
钛升华泵	1×10^{-11}	1×10^{-3}
低温吸附泵	1×10^{-12}	1×10^{-3}

1.4.2 等离子体

等离子体(Plasma)来自古希腊语 $\pi\lambda\acute{\alpha}\sigma\mu\alpha$(可模制成型的物质)[26]，同时也被翻译为"电浆"。这是一种物质的第四种基本状态(固体、液体、气体、等离子体)，它描述了等离子体周围区域中原子核和电子的电离行为。等离子体由化学家欧文·朗缪尔在 20 世纪 20 年代首次提出[27]。用于半导体器件制造的等离子，包括反应离子刻蚀、溅射、表面清洁和等离子增强化学气相沉积等。

等离子体由原子和自由电子组成，每个原子核都悬浮在可移动的电子海洋中，其中原子的轨道电子被去除了[28]。可以通过加热中性气体或使其经受强电磁场，使电离的气态物质变得越来越导电，从而人工产生等离子体。产生的带电离子和电子会受到远程电磁场的影响，因此与中性气体相比，等离子体动力学特性对这些电场更敏感[29]。等离子体的环境温度和密度状态的不同，可以产生部分电离或完全电离的等离子体形式[30]。

等离子体是未结合的正负粒子的电中性介质(即等离子体的总电荷大致为零)。尽管这些粒子是未结合的，但它们不是"自由"的，移动的带电粒子会在磁场内产生电流，带电的等离子体粒子的任何移动都会影响其他电荷所产生的场并受其影响。

由于等离子体是非常好的电导体，因此电势起着重要作用。当物体放入带电粒子的空间中，会有一种可以被独立测量的平均电位，被称为"等离子体电位"。等离子体的良好电导率使其电场非常小。这导致了"准中性"这一重要概念，即负电荷的密度大约等于大体积等离子体中正电荷的密度。

辉光放电是低压气体中显示辉光的气体放电现象，气体原子或分子被射频(RF)或直流电压产生的高能电子撞击并激发后，返回其最低能级，能量以反射光子形式释放。高气压下无法发生辉光放电。

高密度等离子体的产生从本质上来说，是利用电场或磁场来增加电子的射程，增加电子与气体的碰撞概率，从而增加离子的数量。从产生机理来说，可以分为以下类别。

(1)磁控等离子体(Magnetron Plasma, MP)：利用磁场增加电子与气体原子(分子)的

---

① 1mbar=100Pa。

碰撞概率。

（2）电感耦合等离子体（Inductively Coupled Plasma, ICP）：当射频电流流过线圈时会产生感应磁场，利用感应磁场增加电子与气体原子（分子）的碰撞概率。

（3）电子回旋共振等离子体（Electron Cyclotron Resonance Plasma, ECRP）：利用交变电场和磁场的频率耦合，使电子做圆周运动，从而增加电子与气体原子（分子）的碰撞概率。

1.5　工艺环境及内部控制

1.5.1　生产设备（工艺腔体）的沾污

在一个硅片表面分布着多个芯片，每个芯片差不多有数以百万计的器件和互连线路。并且随着特征尺寸越来越小，硅片对污染的敏感度越来越高。

沾污是指半导体制造过程中引入硅片的任何危害芯片成品率和电学性能的不希望有的物质。净化间的沾污分为五类：颗粒、金属杂质、有机物沾污、自然氧化层、静电释放（ESD）[31,32]。

颗粒指的是能黏附在硅片表面的小物体，悬浮在空气中可以传播的物质称为浮质。半导体制造中，可以接受的颗粒尺寸的粗略法则是它必须小于最小器件特征尺寸的1/2，大于这个尺寸的颗粒会导致致命的缺陷[31,32]。采用激光束扫描硅片表面，可以检测颗粒散射的光强及位置以确定颗粒数目和颗粒分布情况。

金属杂质主要来自所用的化学溶液或者集成电路制造工序中所用的设备。离子注入工艺表现出最高的金属沾污。另一种金属沾污来源是化学品与传输管道和容器的反应。活泼金属阳离子可以通过与硅片表面的H原子交换沉积在硅片表面，也很容易进入氧化层内部，而且金属在半导体材料中具有高度的活性，是可移动离子沾污（MIC），如 Na等。金属在半导体中的迁移会严重损害器件的电学性能和长期可靠性。

有机物沾污会降低栅氧化物介质的致密性，并造成表面清洗不彻底。自然氧化层则会妨碍外延生长以及超薄氧化层的生长，影响金属互连线与器件有源区的电学接触，增加接触电阻。自然氧化层可以通过湿法（HFdip）或干法（Arsputtering）去除，或将多步工序集成在包含了多个高真空腔室的设备中，在不破坏真空的条件下以避免产生自然氧化层。

1.5.2　清洗工艺

带有真空的晶圆制造设备可以分为两大类，即处理大批硅片和单个硅片的带有真空锁与集成工艺腔的多腔体工具。总体来说，单硅片反应中的腔体沾污比大量处理工具中的沾污要少，其中水痕是一种重要污染源。

生产设备的沾污具体包括剥落的副产物积累在腔壁上，自动化的硅片装卸和传送，还有机械操作等。为了控制生产设备的污染，需要真空环境的抽取和排放，还有清洗和维护过程。

硅片清洗常用的方法为湿法溶液清洗。为了去除不同种类的污染物，需要采用不同的化学药品，常见的药品种类包括以下三种。

（1）Piranha（SPW）溶液。H_2SO_4（96%）∶H_2O_2（30%）=3∶1，将 H_2O_2 缓慢加入 H_2SO_4 中，升温至 125℃清洗 10～40min，用以去除有机物和颗粒污染，洗后的硅片表面亲水（硅片表面羟基化）。

（2）SC-1（RCA-1）溶液。H_2O∶NH_4OH（29%）∶H_2O_2（30%）=5∶1∶1，75℃或 80℃清洗 10min，用以去除有机物和颗粒污染以及铁离子污染，洗后表面生成 1nm 左右厚度的 SiO_x，且表面微粗糙。

（3）SC-2（RCA-2）溶液。H_2O∶HCl（39%）∶H_2O_2（30%）=5∶1∶1，升温至 75℃或80℃清洗 10min，用以去除残余金属污染，洗后表面生成一层钝化层，避免硅片裸露在空气中再次被污染。

批量喷淋、批量槽浸、单片喷淋、单片旋转等现有的批量晶圆清洗技术中，需要多步骤、高通量的液态工艺流程，会消耗大量化学液，而且设备体积大；单片技术设备成本高。近期，动态薄层晶圆清洗的新技术正在研发中，预期该技术将降低处理液消耗，具有高通用性、高控制精度和易灵活调整能力，实现了化学能与物理力的多种结合及优化使用。

1.5.3 洁净间

工艺中污染的主要来源包括空气、水、厂房、人、生产设备、工艺气体、工艺用化学用品等。其中空气包含有超细颗粒，近来已有粒径小于 0.1μm 的超细颗粒（0.1 级），这时微粒尺寸缩小到 0.02～0.03μm。净化空气标准对此做了规定，可以查阅各国的标准文件。其中，空气洁净度的鉴定通过一种或多种粒子尺寸或其他规定粒子尺寸的测定来完成[31]。人是净化间沾污的最大来源，颗粒来自头发、裸露皮肤、各种用品、衣物纤维等。一个人平均每天释放 1oz（28.3495g）颗粒，惊人地达到了每分钟 10000000 个大于或等于 0.3μm 的颗粒。

为此，现代半导体制造都是在净化间（Clean Room）中进行的，如图 1-16 所示。这种硅片制造设备与外部环境隔离，可以免受颗粒、金属、有机分子和静电释放（ESD）等的沾污[33]。一般来讲，这些沾污在最先进的测试仪器检测水平范围内也难以检测。

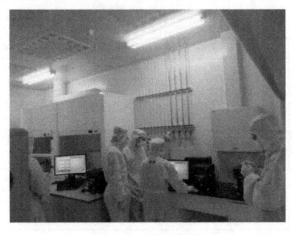

图 1-16 净化间照片

进入净化间的第一道程序就是风淋室(Air Show)。风淋室是现代工业洁净厂房中必不可少的洁净配套设备，它能去除人和物表面的尘埃，同时又对风淋室两侧的洁净区和非洁净区起到了缓冲与隔离的作用[32]。首先穿着净化服。净化服一般采用专用涤纶长丝，经向或经向和纬向嵌织导电丝纤维，经特殊工艺织造而成，其本身不产生颗粒、有良好的滤尘性、ESD 零静电积累、无化学和生物残余物释放。然后通过风淋室进入洁净区。

工艺用水一般采用超纯水(DI, UPW，$18M\Omega \cdot cm$ 电阻率)，超纯水主要用于硅片的化学清洗溶液和后清洗中，用量巨大，不允许用的沾污包括以下几种。

(1)溶解离子：钠、钾等矿物质离子(MIC 来源)。

(2)有机物质：溶解在水中的含碳化合物的总和(氧化层薄膜生长具有破坏性作用)。

(3)颗粒：影响半导体制造良率。

(4)细菌：影响氧化层、多晶硅和金属导体层的缺陷，含 P 的细菌使得半导体材料发生不受控制的掺杂。

(5)硅土和溶解氧：硅土降低水净化装置的效率，降低热生长氧化物的可靠性；溶解氧与硅片反应生成自然氧化层等。

1.5.4　化学品

集成电路制造是与化学密切相关的工艺过程，其中采用了多种超高纯的化学品。工艺用化学品通常有三种状态：液态、固态和气态。其主要用途包括如下几种。

(1)用化学溶液和超纯水清洗或准备硅片表面。

(2)用高能离子对硅片进行 N 型和 P 型掺杂。

(3)沉积不同的金属导体层和必要的介质层。

(4)生长二氧化硅，将高 k(high-k)材料等作为栅氧介质材料。

(5)用等离子体增强刻蚀或者湿法选择性地去除材料。

半导体制造中常用的酸、碱和溶剂如表 1-6 所示。

表 1-6　集成电路制造中常用的酸、碱和溶剂[2, 16, 19, 20, 34]

半导体制造中常用的酸		
酸	符号	用途
氢氟酸	HF	刻蚀 SiO_2 和清洗石英器皿
盐酸	HCl	湿法清洗化学品；2 号标准清洗液的一部分，用来去除硅中的重金属元素
硫酸	H_2SO_4	硅片清洗 Piranha 溶液的重要组成部分，其成分为 7 份的硫酸加上 3 份浓度为 30%的过氧化氢
氢氟酸(含氟化铵溶液)	HF 和 NH_4F	刻蚀 SiO_2 薄膜
磷酸	H_3PO_4	刻蚀氮化硅
硝酸	HNO_3	用 HF 和 HNO_3 混合溶液来刻蚀磷硅玻璃(PSG)
半导体制造中常用的碱		
碱	符号	用途
氢氧化钠	NaOH	湿法刻蚀

续表

半导体制造中常用的碱		
碱	符号	用途
氢氧化铵	NH_4OH	清洗剂
氢氧化钾	KOH	正性光刻胶显影剂
半导体制造中常用的溶剂		
溶剂	名称	用途
去离子水	DI Water	广泛用于漂洗硅片和稀释清洗剂
异丙醇	IPA	通用清洗剂
三氯乙烯	TCE	用于硅片和一般用途的清洗溶剂
丙酮	Acetone	通用清洗剂(强于 IPA)
二甲苯	Xylene	强清洗剂,也可用来除去硅片边缘光刻胶

集成电路工业中的气态化学品应用会采用气态配送系统,该系统由化学品源、输送模块和管道系统组成。化学品源通常采用存储罐存储,输送模块用来过滤、混合和输送化学品,通过管道系统将化学品输送到工艺线。有些化学品不适合用 BCD 系统输送,例如,一些数量很少或者存放时间有限的化学品、光刻机等需要用特别的包装系统定点(Point-of-Use, POU)输送。通用气体一般存储在半导体制造厂外面的大型存储罐或者大型管式拖车内,通过批量气体配送(Batch Gas Distribution, BGD)系统输送到工作间。通用气体纯度要求为 99.99999%,还有颗粒数目、氧、残余水分和痕量杂质等要求。

对于一些相对通用的气体来说,供应量不大但是必需的特种气体,通常采用 100lb[①]的钢瓶运送到制造厂,采用局部气体配送系统将特种气体输送到工艺反应室。出于安全隐患、沾污控制和节约成本等方面的考虑,某些特种气体如硅烷(SiH_4)和一氧化氮(NO)等采用管状拖车配送,这是特种气体配送的趋势。

1.5.5 教学方法及难点

1. 教学目的

(1)了解半导体制造概述及学习方法。
(2)掌握半导体集成电路制造工艺技术的基本原理。
(3)了解集成电路产业设备的发展史及技术进步趋势。
(4)了解微电子工艺实验室的设备和实验条件。
(5)掌握集成电路装备技术及基本原理。

2. 教学方法

(1)因为半导体工艺与制造技术相关学科是在实验基础上建立的高速发展学科,所以建议采用"讲授+研讨+实验"的教学模式开展教学。在课堂理论教学的基础上,教学团

---

① 1lb=0.453592kg。

队在实验过程中设置了关键知识点及学科最新进展，学生设计实验，自己动手实验，走进集成电路科学殿堂，实现科学前沿和系统教学的高度融合。

(2)建议学生能够走出教室，走入实验室，深入工艺线，让教师能够进行实际的教学演示，学生能够真正地动手实践操作。并针对薄膜沉积、光刻工艺、刻蚀工艺等多项集成电路关键工艺，深入实地地开展主动式实践学习。

(3)课程可以针对每一台实际的集成电路专用教学仪器，安排专项工艺实验室授课及动手操作，包括磁控溅射台金属薄膜沉积与检测实验课、介质薄膜与检测实验课、光刻全工艺流程实验课、等离子体干法刻蚀工艺及检测实验课，均由教师及各仪器对应的负责助教对学生分组授课。

3. 教学重点与难点

(1)了解标准工艺线的基本布局以及实验室日常运行的基本流程。

(2)掌握各项安全管理办法和基本知识，熟悉各项操作规程。

(3)硅片制造装备系统与外部环境隔离，免受诸如颗粒、金属、有机分子和静电释放(ESD)沾污的原理[35]。

(4)理解工艺厂房舞厅式布局原理：生产区和服务区分开。

(5)理解气流原理和空气过滤：高洁净度净化间需要层状气流，垂直层流对于外界气压具有轻微的正压。

(6)了解微电子相关设备的研发背景和工作原理。

(7)了解先进装备系统是怎样起到决定工艺水平的关键作用的。

(8)新的装备系统是怎样推动着摩尔定律继续前进的，如何在这些新设备的基础上再去设计和改进工艺方法，推动整个微纳加工行业的发展。

(9)对真空度、抽真空方法的理解，以及对等离子体的原理及应用的理解。

4. 思考题

(1)为什么 Si 能取代 Ge 成为集成电路制造的主要材料？

(2)集成电路生产环境应该注意哪几部分？

第2章 物理气相沉积工艺实验

2.1 薄膜沉积引言

薄膜的定义：薄膜是指一种在衬底上生长的薄固体物质，其在某一维上的尺寸远远小于另外两维上的尺寸。薄膜的形成过程包括晶核形成，聚集生长(岛生长)，形成连续的膜，如图 2-1 所示。沉积的膜可以是无定形、多晶或单晶的。

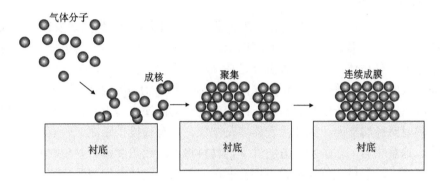

图 2-1 薄膜形成过程原理示意图

其中，微电子工艺中会用到的薄膜包括以下四种。

(1)半导体薄膜：如多晶硅薄膜，在早期 MOS 器件中作栅电极材料。

(2)电介质薄膜：可以用作绝缘材料、掩蔽材料和钝化层等。

(3)金属薄膜：铝、金薄膜，也包括硅化物，用作低阻互连、欧姆接触、金属/半导体整流等。

(4)外延膜：高质量的单晶膜，对器件进行优化。

而按照薄膜制备工艺分类，包括以下三种。

(1)物理气相沉积(Physical Vapor Deposition, PVD)：薄膜沉积过程是物理过程，如蒸发、溅射等。

(2)化学气相沉积(Chemical Vapor Deposition, CVD)：薄膜沉积过程是一种化学反应过程，包括原子层沉积(ALCVD 或者 ALD)、等离子体增强化学气相沉积(PECVD)、常压化学气相沉积(APCVD)、低压化学气相沉积(LPCVD)、金属有机化合物化学气相沉积(MOCVD)等[36,37]。

(3)外延(Epitaxial Grown)：包括物理/化学气相沉积，所生长的薄膜多为单晶，因此具有特殊性，其制备技术包括分子束外延(MBE)等。

其中，物理气相沉积也称为物理气相传输(Physical Vapor Transport, PV)，主要利用物理过程(通常是加热或轰击)将原材料转换为蒸气或等离子体，然后蒸气向基材移动，并凝结在基材表面上。可以使用 PVD 沉积许多材料，主要分为蒸发、溅射和离子镀等。它通常用于金属和较硬的绝缘体，但是任何可以加热蒸发或轰击的东西都可以沉积。典型的限制条件包括沉积膜的质量(附着力，其他问题)或真空下材料的适用性和安全性[38-40]。

物理气相沉积和化学气相沉积相比，适用范围更广，几乎所有薄膜材料都可用物理气相沉积来进行制备，但沉积过程中的动量问题使得薄膜厚度均匀性、三维结构保形性等问题需要进一步解决。物理气相沉积方法主要包括蒸发(Evaporation)、溅射(Sputter)、脉冲激光沉积(Pulsed Laser Deposition, PLD)等。

2.2 蒸发实验原理

2.2.1 蒸发的物理机制

蒸发是将原料加热到高温的方法，在此温度下原料会熔化，然后蒸发或升华成蒸气。之后这些原子以固体形式沉淀到衬底表面上，并在视线范围内用薄薄的原材料涂层覆盖工艺腔室内的所有物体。通常这种沉积是在高真空室中进行的，以最大限度地减少原材料在流向基板的过程中发生的气体碰撞，并减少不希望的反应、被困的气体层和热传递。

蒸发的蒸气中的原子仅具有热能，很少或没有动能撞击基板，并且从热源到样品的热传递受辐射路径的支配，因此蒸发器多是圆顶，具有长投掷距离，带有冷壁腔室和小中心点源。这意味着，在蒸发的方向性下，材料将以法线角度撞击基板材料，并且在低热传递的情况下，基材在沉积薄膜时不会变得非常热。这使它们成为应用于剥离工艺，同时衬底无法处理任何等离子体加热和较厚膜的沉积的理想选择。

蒸发工艺即将固态源(如铝、钨、钛、金等)加热熔化，产生的蒸气在真空中直线运动抵达晶片表面，堆积成薄膜。蒸发常用于早期制备金属薄膜，工艺具有相对高的真空度。其工艺设备结构示意图如图 2-2 所示，其优点：工艺及设备简单，薄膜纯度高、沉

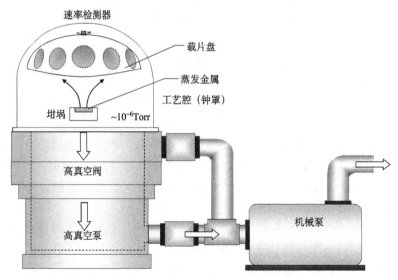

图 2-2 蒸发设备结构示意图[42]

积速率快；不足：薄膜与衬底附着力小，台阶覆盖差，沉积多元化合金薄膜时组分难以控制，它们不适用于侧壁覆盖或控制应力或化学计量应用。

蒸发包括以下三个基本过程[41]。

(1)热蒸发过程：加热蒸发源(固态)，产生蒸气。

(2)气化原子或分子在蒸发源与基片之间的输运过程：气化的原子、分子扩散到基片表面。

(3)被蒸发的原子或分子在衬底表面的沉积过程：气化的原子、分子在表面凝聚、成核、成长、成膜。

2.2.2　蒸发工艺分类

按照加热方式，蒸发工艺包括以下几类[43]。

(1)电阻加热源。

(2)电子束加热源。

(3)高频感应加热源。

(4)热辐射加热源。

(5)激光加热源。

1. 电阻加热源[43]

电阻加热法简单易行，是一种常见的应用方法：将合适形状的(如长丝状或片状)高熔点金属(如钨、钼、钛等)制成硅的蒸发源。它配备有蒸发材料以打开电源，并且利用电流通过热源产生的焦耳热使蒸发材料被直接加热和蒸发。电阻加热法应主要考虑两个问题，即蒸发材料的熔点和蒸气压，蒸发材料与涂料的反应以及涂料引起的润湿性。电阻加热也分为以下两类。

(1)直接加热：加热体与蒸发源的载体是同一物体，加热体一般采用钨、金、钼、石墨等材料。

(2)间接加热：坩埚盛放蒸发源，坩埚一般采用高温陶瓷、石墨等材料。

电阻加热具有工艺简单、蒸发速率快的优点，但是难以制备高熔点、高纯度薄膜。

2. 电子束加热源[43]

将蒸发材料放入水冷的铜坩埚中，并通过电子束直接加热，这称为电子束加热。它可以蒸发材料并在衬底表面形成薄膜。在电阻加热方法中，涂层材料和蒸发材料直接接触，蒸发材料的温度高于涂层的温度，并且容易混入涂层材料中，特别是在半导体器件涂层中。电子束蒸发可以克服一般电阻加热蒸发的许多缺点，特别适用于制备高熔点(>3000℃)薄膜材料和高纯度薄膜材料，广泛应用于 W、Mo、SiO_2、Al_2O_3 等薄膜材料的制备。电子束加热蒸发具备以下优点。

(1)能量密度高于电阻加热源，蒸发温度高。

(2)坩埚水冷，可避免容器材料的蒸发，沉积纯度高。

(3)热传导和热辐射损失少，热效率高。

(4)适合沉积高熔点薄膜材料。

但是电子束加热蒸发也有不足：设备结构复杂、价格昂贵，会产生软 X 射线，对人体有一定伤害。

3. 高频感应加热源[43]

高频感应加热源将含有蒸发材料的石墨或石英坩埚放置在水冷高频螺旋线圈的中心，因此，在电磁场感应下，蒸发材料会产生强烈的涡流损耗和磁滞损耗。高频(对铁磁)中的磁场，导致蒸发的材料加热直到蒸发。高频感应加热蒸发具备以下优点。

(1)蒸发速率快，可用较大坩埚增加蒸发表面。

(2)温度控制精确。

(3)蒸发源的温度均匀、稳定，不易产生飞溅现象。

(4)工艺操作简单。

但是高频感应加热蒸发也有不足：成本高，同时要屏蔽高频磁场。

4. 热辐射加热源[43]

对于具有高吸收红外辐射的材料，可以通过热辐射加热将其蒸发，并且通过这种方法可以蒸发许多物质。另外，金属对红外辐射的反射率高，并且石英对红外辐射的吸收率低，因此它们难以通过热辐射加热而蒸发。热辐射加热蒸发具备以下优点。

(1)仅在表面上加热蒸发。

(2)吸附的气体在表面上释放而不会飞溅材料。

5. 激光加热源[43]

使用激光加热源的蒸发技术是一种理想的薄膜制备方法，因此可以将激光器安装在真空室外。这不仅简化了真空室内的空间布置并减少了热源的放气，而且完全避免了蒸发器对蒸发材料的污染，因此对于获得高纯度薄膜是有利的。激光加热蒸发具备以下优点。

(1)加热温度高，可蒸发任何高熔点材料。

(2)激光束斑较小，被蒸发材料局部气化，防止坩埚材料对蒸发材料的污染，薄膜纯度高。

(3)能量密度高，可保证化合物薄膜成分比例。

(4)真空室内装置简单，易获得高真空度。

(5)适合蒸发成分比较复杂的合金或化合物。

但是激光加热蒸发也有不足：大功率激光器价格昂贵。

2.2.3 薄膜沉积速率

在蒸发工艺中，薄膜的沉积速率为[42, 43]

$$R_d = \sqrt{\frac{M}{2\pi k T \rho^2}} \cdot p_e A Z \tag{2-1}$$

其中，p_e 为蒸发物质的蒸气压；T 为温度；ρ 为蒸发物质密度；A 为坩埚面积；M 为蒸发物质相对分子质量；k 为玻尔兹曼常量；Z 为视角因子。

从式(2-1)中可以看出，影响蒸发沉积速率的关键因素包括以下两方面。

(1)温度 T：实际上确定了蒸气压。温度越高，蒸气压越大，沉积速率越快，但需要控制沉积速率不能太大，否则会造成薄膜表面形貌变差。

(2)视角因子 Z：确定了晶片沉积的均匀性，可以调整晶片的位置，使它们与坩埚在同一圆周上。

其中，晶片与坩埚的位置确定了视角因子 Z[42, 43]：

$$Z = \frac{\cos\theta\cos\phi}{\pi R^2} \tag{2-2}$$

如果晶片与坩埚均在同一圆周 r 上，则有

$$\cos\theta = \cos\phi = R/(2r)$$

$$Z = \frac{1}{4\pi r^2} \tag{2-3}$$

相对于溅射等薄膜沉积方法，蒸发工艺台阶覆盖能力差。为了改善台阶覆盖，采用的办法有：蒸发过程中旋转晶片、蒸发过程中加热晶片、增加原子的迁移等。

在制备合金薄膜的蒸发过程中要注意，合金中各组分的蒸气压要一致，否则会出现膜组分不均匀的现象。为了改善合金膜的组分均匀性，可采用多源不同温度蒸发、分层蒸发、沉积后进行高温扩散等方法。

2.3　溅射实验原理

2.3.1　溅射的物理机制

溅射(Sputter)是薄膜沉积的物理气相沉积方法，其中对高纯度的原材料(称为阴极或靶材)进行气体等离子体(通常为氩气等惰性气体)处理。在气体等离子体中，高能原子与目标材料发生碰撞，击落源原子，然后这些源原子行进到基板并凝结成薄膜。溅射只是高能粒子腐蚀该表面的过程，是一种原子喷砂处理。溅射沉积无非就是这些原子的积累，这些原子从表面吹散到附近的样品上[44-48]。

溅射适用于金属及非金属材料薄膜，高纯靶材、高纯气体和制备技术的发展，也使溅射法沉积薄膜的质量得到提高。多数商业化工艺流程已取代蒸发。溅射原子迁移能力强，台阶覆盖性相对较好。

磁控溅射镀膜技术由于其显著的特点已经得到广泛的应用。其工作原理如图 2-3 所示，电子受电场 E 作用加速飞向基板，飞行过程中与 Ar 原子发生碰撞。如果电子携带能量足够高，会电离出 Ar$^+$离子和一个二次电子。二次电子在电场作用下飞向基片，而 Ar$^+$在电场作用下飞向阴极靶材，并以高能量轰击靶的表面，使靶材发生溅射。在溅射粒子中，中性的靶原子或分子则沉积在基片上形成薄膜[40-46]。二次电子在电场力作用下向基片方向运动，但其同时受到磁场 B 的洛伦兹力作用，在电磁场中进行 $E \times B$ 方向的漂移运动[45]，因此磁场能够有效地约束电子的运动轨迹，将电子束缚在靶材表面磁场平行分量达到最大的"跑道"内，溅射后的靶材表面会出现该跑道的痕迹，被称为刻蚀跑道。

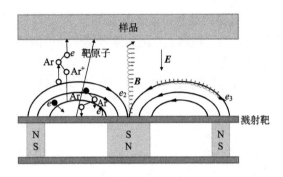

图 2-3　磁控溅射工作原理示意图

磁控溅射的基本原理是以电磁场来控制电子的运动轨迹,进而提升电子对工艺气体的电离概率,从而有效地利用电子的能量[45, 47, 49-52]。在正交电磁场的作用下,电子以近似摆线轨迹运动。如果构建出环状的电磁场,e_3 类电子则在其中以近似摆线的轨迹在靶材上做圆周运动。在这样的环状电磁场中,产生的二次电子相较于正交磁场有更长的运动路径,并能被束缚在靶材表面的等离子体区内发生电离,这样由磁场控制的大量电离 Ar^+ 离子就可以实现高速靶材轰击,提升溅射效率。

当电子 e_1 的能量随着碰撞次数增加而消耗殆尽时,就会逐渐远离靶材,并在电场 E 作用下逐渐沉积于衬底表面。这种直接作用的电子 e_1 能量较低,传递给衬底的能量也较小,因此造成衬底升温也较低。由于磁极轴线处的电场与磁场是平行的,因此电子 e_2 能直接飞向衬底,但是电子 e_2 因为磁极轴线处电场与磁场平行的概率较小,所以数量较少,也对衬底升温影响较弱。

从以上分析可以看出,使用正离子对靶材轰击而引起的靶材溅射更高效。因受正交电磁场束缚的电子一般在其能量要耗尽时沉积到衬底,这使得磁控溅射具有“低温”和“高速”的特点[49-52]。

薄膜溅射工艺过程大致可以概括为:溅射原子运动到晶片表面,被晶片表面吸附并扩散,原子密度足够大时成核,晶核长大呈岛状,岛状区域长大合并成连续薄膜,如图 2-4 所示。

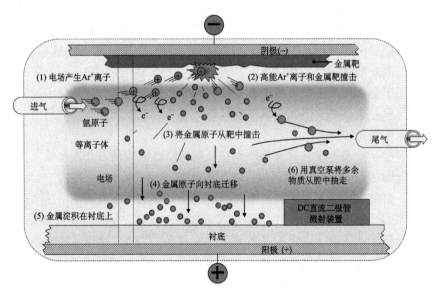

图 2-4　简单平行板溅射原理示意图

2.3.2　溅射工艺分类

根据不同的辉光放电方式，溅射工艺分为直流溅射、射频溅射、磁控溅射、反应溅射、离子束溅射、偏压溅射等多种。这里介绍一下前三种溅射。

1. 直流溅射

直流溅射又称为阴极溅射或者直流二级溅射，溅射靶材一般为阴极，而用于薄膜溅射的衬底材料一般置于阳极，并且将阳极接地。这种溅射的工作气体一般采用 Ar 气等惰性气体，以避免参与化学反应。直流溅射的靶材需要具有良好的导电性，因此一般直流溅射只适用于金属靶材。

2. 射频溅射

射频溅射的工作原理是在两个电极之间加高频电场时，高频电场经其他阻抗形式耦合进入沉积室。因此它不要求电极一定具有导电性，这种溅射方法相比于直流溅射适用范围更广，适于各种金属与非金属靶材。

3. 磁控溅射

磁控溅射是目前应用最广泛的溅射镀膜方法，因为它具有高沉积速率、设备简单易于操作、对衬底损伤较小且易于连续生产的优点。在正交电磁场的作用下，磁场中的电子围绕磁力线移动，从而增加了电子参与原子碰撞和电离过程的可能性。磁场可以有效地提高电子与气体分子碰撞的可能性，从而可以显著降低工作压力，减少了膜污染。用于磁控溅射的衬底材料一般置于阳极，并且将阳极接地。这种溅射的工作气体一般也采用 Ar 气等惰性气体。磁控溅射也要求靶材具有良好的导电性，相比于前两者，磁控溅射的沉积速率最高。

2.3.3　薄膜沉积速率

当离子入射到衬底表面时，可能产生的结果如下。

(1) 反射：入射离子能量很低。

(2) 吸附：入射离子能量小于 10eV。

(3) 离子注入：入射离子能量大于 10keV。

(4) 溅射：入射离子能量为 10eV～10keV。其中一部分离子能量以热的形式释放；另一部分离子造成靶原子溅射。

影响磁控溅射速率的关键因素包含以下几点。

(1) 离子质量：离子质量增大，溅射速率有上升的趋势，但随原子序数呈周期性起伏。

(2) 离子能量：存在能量阈值；能量越大，通常溅射产额越大；但能量过大时会发生离子注入，产额降低，因此产额在某一能量时会有最大值。

(3) 离子数量：采用高密度等离子体可以增加溅射速率。

(4) 靶原子质量和结晶性：其中金属金、银、铜材料更容易溅射；而硅、碳、钨、钒、铌、锆、钛、钽等通常难以溅射。

溅射产额（Sputtering Yield）通常以 S 来表示：

$$S = \frac{\text{靶上发射出来的原子数}}{\text{入射到靶上的离子数}} \tag{2-4}$$

溅射产额指的是离子对靶材进行轰击并产生靶材原子时，靶上发射出来的原子数与入射到靶上的离子数的比值。溅射产额与离子能量之间相互关联，但是只有当入射离子的能量超过一定能量（溅射阈值）时，才能发生溅射，而靶原子质量、靶的结晶性根据材料的不同而有所不同，因此不同靶材料随着入射离子的增加，其溅射产额增值趋势有所不同。

当离子质量增大时，溅射速率有上升的趋势，但随原子序数呈周期性起伏。在不同真空度、温度和离子能量下，溅射薄膜的形貌会发生变化，如图 2-5 所示。

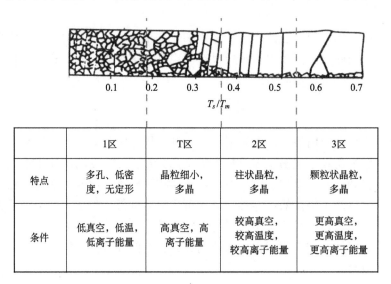

	1区	T区	2区	3区
特点	多孔、低密度，无定形	晶粒细小，多晶	柱状晶粒，多晶	颗粒状晶粒，多晶
条件	低真空，低温，低离子能量	高真空，高离子能量	较高真空，较高温度，较高离子能量	更高真空，更高温度，更高离子能量

图 2-5　溅射薄膜不同形貌特点[50, 51]

溅射薄膜的厚度均匀性影响因素包括溅射原子在衬底上的扩散速率和溅射原子的发散，溅射原子在衬底上的扩散速率与温度有关，温度越高，溅射原子扩散越快。或在正极引入偏压，使一部分离子轰击正极晶片，从而促进溅射原子的再扩散。溅射原子的发散可以通过旋转晶片衬底和加入准直器来实现。

合金和复合材料溅射可以采用单靶，由于各组分的溅射速率不一致，薄膜中组分与靶中组分会有差异。如果采用多靶，每个靶的功率可以单独调整。而采用反应溅射则是溅射室中引入反应气体，溅射出来的靶原子会与反应气体发生作用，得到化合物薄膜。

溅射中需要注意的地方包括靶的清洁，正式溅射前可采用预溅射，去除靶表面层原子，还有真空腔应保持干净，除了离子气体，其他残留气体要尽可能少。一般采取退火作为溅射薄膜的后处理工艺，作用在于消除溅射引起的损伤；同时能使溅射薄膜与衬底发生某些反应（如金属与硅衬底生成硅化物）。

2.4　分子束外延实验原理

2.4.1　外延工艺

薄膜沉积工艺重点外延(Epitaxial Grown)工艺所生长的薄膜多为单晶,因此具有特殊性,其制备技术包括分子束外延(MBE)等。"外延"这个单词的拼法为 EPITAXY,其中 EPI 指依附在某种表面上,而 TAXIS 表示有序排列,因此两者相结合可以表达外延的意思。这种高质量薄膜生长,是在单晶衬底(基片)上生长一层有一定要求的、与衬底晶向相同的单晶层,犹如原来的晶体向外延伸了一段,故称外延生长。

外延工艺发展于 20 世纪 50 年代末 60 年代初。为制造高频大功率器件,需要在低阻衬底上生长一层薄的高阻外延层。可生长不同厚度、不同要求的多层单晶,提高器件设计的灵活性和器件的性能。这种工艺可以用于集成电路,如 PN 结隔离技术、改善材料质量等。

2.4.2　分子束外延

1. 分子束外延概述

分子束外延(Molecule Beam Epitaxy, MBE)是 20 世纪 70 年代在真空蒸发的基础上迅速发展起来的,是制备极薄的单层或多层单晶薄膜的一种技术。这种技术是在超高真空的条件下,把一定比例的构成晶体的各个组分和掺杂原子(分子),以一定的热运动速度喷射到热的衬底表面来进行晶体外延生长的技术。

常用的 MBE 材料包括以下几种。

(1) Ⅳ族半导体材料,如 Si、Ge、C 等。

(2) Ⅲ - Ⅴ族半导体材料,如砷化物(GaAs、AlAs、InAs)、锑化物(GaSb)、磷化物(InP)等。

(3) Ⅱ - Ⅵ族半导体材料,如 ZnSe、CdS、HgTe 等。

2. 分子束外延发展历史

从 1968 年开始,来自美国贝尔实验室的 Arthur 开展了 Ga、As 在 GaAs 表面反应动力学的相关研究,奠定了 MBE 方法研究的理论基础。在 1969~1972 年,Cho 开展了 GaAs 薄膜单晶生长及 N 型、P 型掺杂研究,并用 MBE 进行 GaAs/AlGaAs 超晶格材料的生长(A. Y. Cho)。在 1979 年,美国(如 IBM 公司)、日本和英国走在了 MBE 研发的最前列,用 MBE 将 GaAs/AlGaAs DH 激光器的阈值电流密度降到了 $1kA/cm^2$ 以下(T. W. Tsang)。到了 20 世纪 80 年代初,我国由中国科学院半导体研究所及中国科学院物理研究所分别研制出了自己的 MBE 设备,开启了分子束外延的国内研发里程。

3. 分子束外延实验系统

典型 MBE 装置包括多个系统。

(1)进样室：换取样品，可同时放入多个衬底片。

(2)预备分析室：可对衬底片进行除气处理，通常在这个真空室配置 AES、SIMIS、XPS、UPS 等分析仪器。

(3)外延生长室：配置有分子束源、样品架、电离计、高能电子衍射仪和四极质谱仪等部件。

MBE 在薄膜生长过程中，当超纯原材料升华后，首先入射至外延生长室的原子或分子会在特定温度的衬底表面进行物理或化学吸附；之后撞击到衬底表面的分子开始进行迁移和分解；其中部分原子将与衬底或已经外延至衬底表面的晶格点阵结合开始表面成核；而未与衬底表面的晶格点阵相结合的原子或分子则会在一定温度条件下脱附于衬底。

MBE 的薄膜沉积速率非常慢，通常为 1μm/h 或者 1A/s，但是其生长的薄膜具有良好的薄膜晶体结构。MBE 一般必须在超高真空下进行，真空度通常接近 10^{-10}Torr，而且工艺对衬底洁净度有很高的要求，通常需要特殊处理来获取洁净的衬底表面，包括高温烘烤(1000~1200℃)、氢键保护、等离子溅射等。在工艺过程中，MBE 的生长温度需要低于热力学平衡态(400~900℃)，因此可以在精确的温度控制条件下，随意改变外延层的组分和掺杂。而薄膜生长过程中的掺杂，通常采用易蒸发的物质，如镓、铝、锑等金属杂质(而不是硼、磷、砷等)。在薄膜制备过程中，还可以进行高能电子衍射(RHEED)、俄歇能谱(AES)等实时监控，便于精确控制生长过程。

以 RHEED 为例，它通过高能电子衍射信息在荧光屏上显示的花样及纹路分析薄膜生长质量、表面状态；通过衍射峰强度振荡可以研究晶体生长周期、原子层数、生长模式；通过检测精度在 0.01s 以内的灵敏度，还可以实现单原子层逐层追踪。例如，在 MBE 生长过程中可观察到 RHEED 的强度振荡现象，振荡周期反映出生长一层所需时间，可计算生长速率，振荡振幅随外延层的增长衰减，可反映生长的程度。因为 RHEED 对表面结构和重构非常敏感，所以还可以用以观察 MBE 生长后生长层表面的结构与平整度。

2.5　实验设备与器材

2.5.1　实验环境

本实验示例安排在中国科学院大学集成电路学院的微电子工艺实验室进行，该实验室面积约 210m^2，其中净化面积约 160m^2。实验室以中国科学院大学教师团队为技术依托，拥有光刻机、光刻胶处理系统、薄膜沉积系统、刻蚀装置等系列半导体相关学科的专业基础课教学仪器。实验平台的建设与完善，将进一步优化大学教学模式的整合，促使整个教学过程是师生共同参与、动态双向的信息传播过程。

2.5.2　实验仪器

本实验将安排 SP-3 型磁控溅射台进行实验教学。该设备磁控溅射台是一种经长期实践检验、性能优良的科研和生产两用型设备。它可用于各种金属薄膜(如 Au、Ag、Pt、W、Mo、Ta、Ti、Al、Si、ITO 等)的沉积。目前，它已成为微电子和光电子领域科研与生产不可缺少的设备，也广泛服务于高校和科研单位。

1. 技术特点

该仪器具有如下技术特点。

(1) 以分子泵为核心的高效能真空控制系统，真空度高，无污染。

(2) 具有四个靶座，可同时溅射两种金属，形成多层复合膜或实现金属共溅射和反应溅射。

(3) 基片可旋转，不仅可以提高均匀性，而且可以降低片子上的温度，特别适合于用剥离 (Lift-off) 技术制备各种难腐蚀金属的亚微米图形 (如 Au、Pt、Ta、超导材料等)。

(4) 用两个质量流量计控制气流量，可实现气体准确混合，提高工艺重复性。

(5) 可外接 4 路气体 (如 Ar、O_2、N_2 等)。

(6) 可实现工艺曲线设定，全自动控制。

(7) 适于 8in[①] 及以下基片。

仪器性能指标和设备参数如下。

(1) 配备 1500W 射频电源与 2000W 直流电源，功率可调。

(2) 真空室直径为 600mm，四靶座设计，载片架可旋转。

(3) 本底真空度优于 3×10^{-5}Pa。

(4) 采用分子泵及机械泵组成的高效真空系统。

(5) 附带加热系统，温度设定可控，数字显示。

(6) 8in 内均匀性误差：±4%。

该设备由三个子机架组合而成，PVD 溅射部分独立机架在左侧，robot 传输及装取片室在中间合并在一个机架上，干法清洗模块独立机架在右侧，参看图 2-6 和图 2-7。

图 2-6　SP-3 型磁控溅射台设备外观

---

① 1in=2.54cm。

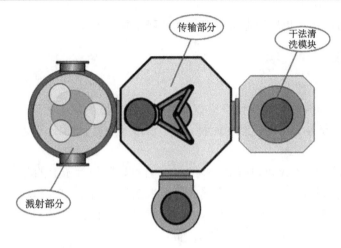

图 2-7　SP-3 型磁控溅射台设备结构模块

2. 平台外形及机架

SP-3 型磁控溅射台的设备外形尺寸为 2361mm×1750mm×1645mm，整个平台包含了四个功能模块，由三个真空子系统组合而成，其中 PVD 溅射主反应室在左侧，robot 传输片系统、Load-lock 装取片腔室在中间合并在一个机架上，独立的干法清洗模块系统在右侧。

SP-3 型磁控溅射台具体功能结构如下。

1) PVD 溅射主反应室

PVD 溅射主反应室 (完成溅射沉积膜层、新材料及新工艺实验) 部分含有腔室及真空获得部分、靶材固定基座部分和载片旋转卡具部分。仪器具体包含分子泵、射频电源、各真空阀门及气路。本部分已配备 Ta、Ti、Cu、Si、W 等靶材，可做金属、合金、非金属等材料。

2) 传送片部分

Load-lock 及传送片部分 (包含机械手室及 Load-lock 室) 主要包含新松机械手、装片装置及与各模块隔离阀。

3) 干法清洗模块室

干法清洗模块室 (可以完成干法清洗、刻蚀、反溅及射频技术验证) 包含中山射频电源、科仪分子泵、各真空阀门及气路。腔室直径为 300mm，单个下电极，每次可处理一片 8in 片。该部分配置水冷及 He 气冷却，可做干法清洗研究、反溅射及射频技术验证，配置 SF_6、C_4F_8、CHF_3、CF_4、H_2 气路，可以做等离子体对膜层表面改性研究。

4) 设备软件平台

设备软件平台系统具有如下特点。

(1) 工艺过程一目了然，人机接口完善。

(2) 用户输入必要的工艺参数后，一键完成全部实验过程。

(3) 实验过程的重要参数均有记录，可供实验后进行研究和对比。

(4)拥有报警机制,对于阀门、机械手、冷却水、电源、真空指标都有相关监控和报警,并有数据库记录,保证了设备的安全运行。

(5)可进行在线维修、分步动作等。

(6)嵌套式的结构设计可以让用户完成多种工艺过程,包括溅射和刻蚀的交叉工艺过程,并生成优化的工艺过程。

(7)采用高可靠工业级 PC,保证设备抗振、抗扰性能。

2.6　实验内容与步骤

2.6.1　实验内容

在辅导员的指导下,参照工艺说明及注意事项,逐步完成各道工序,并认真记录每一步操作的周围环境、注意事项,学习相关仪器的操作使用,最后得出实验结果。

示例实验使用磁控溅射镀膜机在石英片上进行金属(铝和铜)薄膜沉积实验,并观察镀膜结果。溅射过程中通过仪器的观察窗口可以看到不同金属的起辉现象,即辉光放电现象,经观察铝电离颜色为红色,铜电离颜色为绿色。图 2-8 为 SP-3 铜的辉光放电图像。

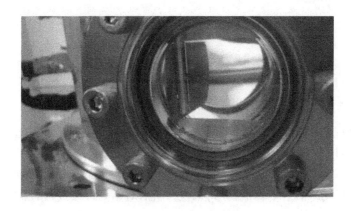

图 2-8　SP-3 铜的辉光放电图像

2.6.2　工作准备

1. 人员实验准备

(1)换好工作服,本实验为无尘实验,需避免污染。

(2)提前打开仪器进行抽真空。

(3)准备石英片和金属靶材。

2. 设备系统准备

(1)接片准备:查看工艺流程卡;检测样品片数及样品的表面状况,确认无问题后,到工作登记本上查找相应的工艺流程。

(2)载片夹具处理和溅射靶材的清洗:装片前要将载片夹具使用无尘纸及酒精清洗干净。除将所用金属靶材在装配进靶座前清洗干净以外,在正式工作前还要将夹具空载预溅射,以去除靶材表面的氧化层等。靶材安装要求牢固,并且要与地绝缘。

(3)装夹片:将所接收的片子装在载片台上,轻轻用氮气枪吹拂样品表面,然后置于设备装片室,如果片子小于 8in,请使用高温胶带将片子牢固黏附在载片夹具上,以避免片子在溅射旋转时被甩出。

2.6.3　工艺操作

1. 开机

(1)打开循环水(两路)、压缩空气、电源柜电源开关。

(2)待计算机进入视窗界面,单击软件图标进入工艺操作软件。

(3)首先通过参数界面设置溅射材料(即选择安装相应靶材的靶位)及其他相应工艺参数,单击"运行"按钮,设备会自动进行工艺过程,直到将片子送回装片室。

(4)如果只是开机抽真空检测,可单击"抽真空"按钮。

2. 溅射室抽高真空

(1)该步骤可以通过点击维修面板进入,单独将溅射室隔离,以检测真空是否满足要求。

(2)抽高真空的同时可开启加热,使设备可以更快地抽尽腔壁上的吸附气体。

3. 溅射镀膜

(1)工艺过程是全自动的,但是如果想得到更好的工艺结果,工艺过程要随时监控溅射工艺过程的各项参数。

(2)工艺过程的电源功率参数,以及流量等有工艺曲线记录可以随时查看。

(3)如果需要同时溅射多种金属,可以在开机后对不同种类金属的测射参数进行设置。

4. 关机

(1)当一天工作结束或者工艺结束,不再实验准备关机时,可以在软件主界面直接选择停机流程,设备会自动完成停机工作。

(2)待设备完全停止后,将设备电源断开,冷却水、压缩空气等切断,工艺气路切断。

(3)操作完成后填写设备操作日程,关闭技术夹道内墙上配电柜控制电源。

操作完成后填写工艺流程卡,整个工艺的操作程序结束。

2.6.4　实验报告与数据测试分析

(1)写出磁控溅射沉积 Cr 薄膜的实验操作步骤。

(2)采用椭偏仪测试沉积所得薄膜不同位置的膜厚、计算薄膜沉积的均匀性并分析讨论。

(3)完成思考题。

2.6.5　实验注意事项

(1)在设备运行之前需要对 PVD 物理气相沉积台进行维护，确认初始化无问题后，逐个检查运行情况。

(2)抽真空，初抽开启机械泵，在低真空表显示，并且初抽真空度应小于 10Pa，检查分子泵系统、水冷系统是否正常，待正常后启动分子泵的同时加热系统并且高真空度能抽到 $8\times10^{-6}\sim9\times10^{-6}$Pa，表明机器运行正常。

(3)检查直流及射频电源，包括电源外部接线是否牢固、准确，2kW 以上电源冷却水是否接通，电源内部电路是否故障。

(4)检查溅射部分旋转定位传感器是否正常。

(5)检查本机器各阀门启动情况：若在通电正常的情况下，阀门不启动，则请检查阀门控制电机，或者说明气路不通或气压不够。

(6)待设备完全停止后，将设备电源断开，冷却水、压缩空气等切断，工艺气路切断。

(7)操作完成后填写设备操作日程，关闭技术夹道内墙上配电柜控制电源。

2.6.6　教学方法及难点

1. 教学目的

(1)了解不同薄膜沉积技术的概况。
(2)掌握物理气相沉积(PVD)的原理、类型与技术特点。
(3)掌握磁控溅射制备单种金属薄膜(Cr)的基本原理。
(4)熟悉磁控溅射技术的设备结构与仪器原理。
(5)掌握磁控溅射制备薄膜的基本操作步骤。

2. 教学方法

首先由教师介绍溅射原理和仪器操作方法,然后介绍磁控溅射的实现过程及关注点,最后采用 SP-3 型磁控溅射台进行以下步骤的操作演示。

(1)把石英片固定到底盘上，然后放到传输腔中。

(2)按下传输腔中的"真空"键，把传输腔抽成真空。

(3)按下"送样片"键，把样片送到主真空腔。

(4)然后设置参数，做好溅射准备。

(5)第一次进行铝材料的溅射，选择靶 1(铝)，流量设定 Ar 是 1000W，O_2 是 0，射频电源设定功率 200W，定时 300s，然后按下"运行"键。在此过程中指导学生通过仪器的观察窗口观测辉光放电现象。

(6)第二次进行铜材料的溅射，选择靶 3(铜)，流量设定 Ar 是 1000W，O_2 是 0，直流电源设定功率 200W，定时 600s，然后按下"运行"键。在此过程中指导学生通过仪器的观察窗口观测辉光放电现象。

(7)溅射工艺完成，按下传输腔中的"充气"键，充气完成。

(8)然后按下"取样片"键，就可以取出样片。

3. 教学重点与难点

(1)从物理气相沉积的历史来源与发展进程中了解磁控溅射的原理。

(2)了解射频磁控溅射与直流磁控溅射在溅射绝缘材料上能力的区别。

(3)了解利用磁控溅射法制备薄膜材料的方法，掌握磁控溅射仪器设备的使用方法。

(4)理解将电子约束在靶材表面附近的方法与原理。

(5)了解靶源分平衡和非平衡式。

(6)了解提高靶材利用率的方法与原理。

(7)了解精确控制薄膜厚度均匀性的方法与原理。

(8)了解实现材料低温高速溅射的方法与原理。

(9)对可能产生的不良溅射进行预测，分析其产生原因。

4. 思考题

(1)磁控溅射沉积技术有哪些技术特点？

(2)为提高所溅射镀膜的沉积速率、均匀度，可以采取哪些措施？

(3)为什么溅射蚀刻工艺中通常使用氩气当作工艺气体？

(4)为什么不能缩小金属层厚度以保持相同的深宽比，以使电介质间隙填充变得更容易？

第3章 化学气相沉积工艺实验

3.1 常规化学气相沉积实验原理

3.1.1 化学气相沉积概述

化学气相沉积是一种方法，薄膜沉积过程是化学反应过程，其中一种或多种气体在加热的固体基材上反应并涂覆固体膜[44, 46-48]。常规化学气相沉积方法包括低压化学气相沉积(LPCVD)、等离子增强化学气相沉积(PECVD)、常压化学气相沉积(APCVD)、金属有机化合物化学气相沉积(MOCVD)和原子层沉积(ALD)等。

化学气相沉积具有以下特征。

(1)产生化学变化。

(2)膜中所有的材料物质都源于外部的源。

(3)反应物必须以气相形式产生反应。

化学气相沉积可沉积单晶/多晶/非晶的 Si、SiGe、SiO_2、Si_3N_4、高 k 栅介质及金属栅薄膜等，应用于多种应用领域，如表 3-1 所示。其主要特点是依靠气相和气固化学反应来产生薄膜，而不是将原子从凝结的蒸发源或溅射靶物理转移到衬底上[44, 46-48]。具有装置简单、成膜源物质丰富、可实现高温材料低温生长、适合在形状复杂表面及孔内成膜等优点。

表 3-1 化学气相沉积薄膜应用领域

应用领域	薄膜材料
金属/导体	W, Al, Cu, doped poly-S…
绝缘体(介质薄膜)	BPSG, Si_3N_4, SiO_2…
半导体	Si, Ge, InP, GaAsP …
硅化物	$TiSi_2$, WSi_2…

常规的 CVD 装置通常包含配气及流量测量控制系统、反应室加热冷却系统和反应剩余气体及副产物排出系统。一般 CVD 反应体系有如下要求。

(1)能够形成所需薄膜材料层的组合，其他反应产物均易挥发。

(2)反应剂在室温下最好是气态，或在不太高的温度下有相当的蒸气压，且容易获得高纯品。

(3)在沉积温度下，沉积物和衬底的蒸气压要足够低。

(4)沉积装置简单，操作方便。

(5)工艺重复性好，适于批量生产。

(6)成本低。

在系统中，反应气体首先向衬底表面输运，之后反应气体生成次级分子，然后反应物扩散并被衬底表面吸附，反应物在衬底表面再扩散，表面反应在衬底上产生并形成固体薄膜，同时在腔体中反应副产物解吸附，而副产物也需要被排出反应器[48]。整个 CVD 传输与反应步骤如图 3-1 所示。

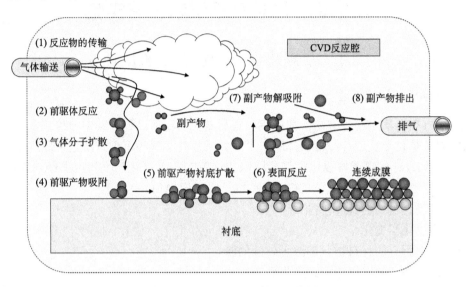

图 3-1　化学气相沉积原理示意图

通过这些反应体系，可以在工艺腔体中发生如下反应。

（1）热分解反应（Pyrolysis），其沉积材料包括 Al、Ti、Pb、Mo、Fe、Ni、B、Zr、C、Si、Ge、SiO_2、Al_2O_3、MnO_2、BN、Si_3N_4、GaN、$Si_{1-x}Ge_x$ 等。

（2）还原反应（Reduction），其还原剂一般使用 H_2，反应温度通常低于热分解反应，同时其沉积材料包括 Al、Ti、Sn、Ta、Nb、Cr、Mo、Fe、B、Si、Ge、TaB、TiB_2、SiO_2、BP、Nb_3Ge、$Si_{1-x}Ge_x$ 等。

（3）氧化反应（Oxidation），其氧化剂一般使用 O_2，同时其沉积材料包括 Al_2O_3、TiO_2、Ta_2O_5、SnO_2、ZnO 等。

影响 CVD 薄膜沉积速率的具体工艺参数包括以下三个。

（1）温度：质量输运控制下，与温度关系不大；反应速率控制下，与温度关系密切，沉积速率随温度增加而增大。

（2）流量：质量输运控制下，与流量关系密切，随流量增大而增大；反应速率控制下，与流量关系不大。

（3）压强：主要是指在低压 CVD 工艺中，沉积速率随反应腔内压强增大而增大。

但是，化学气相沉积也有诸多需要注意的地方，例如，很多反应温度较高，界面扩散影响薄膜质量；多数的反应气体易挥发、易燃、剧毒或具有强腐蚀性；并且在三维结构的侧壁位置沉积困难。

3.1.2　常用的 CVD 技术

常用的 CVD 技术包括低压化学气相沉积（LPCVD）、等离子增强化学气相沉积

(PECVD)、常压化学气相沉积(APCVD)、金属有机化合物化学气相沉积(MOCVD)和原子层沉积(ALD)等。其主要反应类型包括热分解反应、还原反应、氧化反应等。

常用的 CVD 技术具有以下特点。

(1)反应腔压力低,反应气体平均自由程及扩散常数大。

(2)沉积速率提高。

(3)薄膜厚度均匀性及台阶覆盖性得到改善。

(4)可大批量生产。

(5)更好地控制薄膜化学计量比和污染。

(6)衬底可垂直放置,提高生产效率,减少颗粒污染物。

影响 CVD 沉积速率的具体工艺参数包括温度、流量、压强等。沉积速率在质量输运控制下,与温度关系不大;而反应速率控制下,与温度关系密切,随温度增加而增大。沉积速率在流量方面,在质量输运控制下,与流量关系密切,随流量增大而增大;而在反应速率控制下,与流量关系不大。压强主要是指在 LPCVD 工艺中,沉积速率随反应腔内压强增大而增大。

1. 低压化学气相沉积

以低压化学气相沉积(LPCVD)为例,其主要用途为制备单晶硅外延层、多晶硅薄膜及各种无定形钝化膜的沉积。

LPCVD 具有以下工艺特征。

(1)反应腔压力低。

(2)反应气体平均自由程及扩散常数大。

(3)沉积速率提高。

(4)薄膜厚度均匀性及台阶覆盖性改善。

(5)可大批量生产。

(6)更好地控制薄膜化学计量比和污染。

(7)衬底可垂直放置,提高生产效率,减少颗粒污染物。

LPCVD 工艺的温度范围为 $425 \sim 900°C$。在 LPCVD 反应腔中,石英管道是发生薄膜沉积反应的主要场所,装载衬底的石英舟就置于其中。在石英管道上缠绕加热电阻构成一个热壁式反应器。将加热电阻分为三段并分别为石英管道的三个区域加热,这样可以在很长的反应腔室内获得一个均匀恒温区。由于沉积温度是 LPCVD 薄膜沉积工艺中的重要参数,为了精确控制反应腔内的温度,在石英管道上会设置多个热电偶分别对管道内部和外部的三段加温区进行温度监测。石英管道的一侧为进气口,接反应气体气源;另一侧为出气口,连接抽气泵。

在薄膜沉积时,反应气体由气源通过进气口流入石英管道,在石英管道中垂直经过衬底并在其表面处发生化学反应,反应残余气体再经排气口由抽气泵排出反应腔。另外,反应腔上安装有压力传感器,可以监测反应腔室内的气压。

LPCVD 沉积过程中,沉积的材料会无序撞击衬底表面,这有助于在大深宽比的台阶和沟槽处覆盖均匀的薄膜。因此,LPCVD 具有良好的台阶覆盖能力。

2. 等离子增强化学气相沉积

而工艺温度相对更低的等离子增强化学气相沉积(PECVD)，则可以在非常低的衬底温度下沉积介质薄膜，沉积速率更高，对高深宽比的间隙有好的填充能力，沉积的薄膜有较好的黏附力，膜密度也较高。这是因为在 PECVD 反应过程中，高能电子和分子相碰撞，会打开化学键，产生自由基。自由基至少含有一个未配对电子，因此具有非常大的反应活性。

1976 年，L. Holland 用 PP 膜对碳氢化合物前驱物的膜进行了离子轰击，结果表明，随着离子能量的增加，膜的硬度增加，直到出现氢化无定形碳(aC:H)。1964 年，D. Mattox 申请了专利，即在离子轰击的辉光放电中使用 PECVD 作为离子镀。1968 年，R. Culbertson 申请了 PECVD 中离子轰击的专利，该技术同时使用了 CVD 前驱物(用于 C)和 PVD(用于 Ti)的元素碳沉积与 TiC 沉积。Culbertson 是第一个使用混合 PVD 及 PECVD 工艺的公司。1983 年，T. Môri 和 Y. Namba 在低压离子轰击条件下，在等离子型离子源中使用甲烷沉积 DLC 膜。20 世纪 90 年代，开始开发出脉冲直流和双极脉冲功率离子轰击 PECVD，有时也称为等离子脉冲 CVD(PICVD)。

在 PECVD 的反应过程中，该技术利用等离子体来提供一些能量。与 LPCVD 的纯热处理方法相比，PECVD 提供了较低的反应温度(温度范围为 200～400℃)。

3. 金属有机物化学气相沉积

金属有机物化学气相沉积(Metal Organic Chemical Vapor Deposition, MOCVD)是用于创建高纯度晶体化合物半导体薄膜和微、纳米结构的工艺过程。MOCVD 可以实现精确调控的外延沉积、陡峭的界面和高水平的掺杂剂控制。它在高级光电子、大功率和高速电子应用的研发与行业中被广泛采用[52]。通常以 Ⅱ、Ⅲ族元素有机化合物及 Ⅴ、Ⅵ族氢化物作原材料，以热分解方式在衬底上进行气相外延。可以应用于微电子技术中的高 k 栅介质、金属栅生长，还有光电子技术，如化合物半导体(如 GaAs、GaN)、异质结、超晶格、金属氧化物等。

在 MOCVD 反应过程中，反应源热裂解后入射基板，其反应过程包括表面反应、形核团簇、扩散，当原子数超过某一临界值后成长、团簇聚合成膜[16]，如图 3-2 所示。

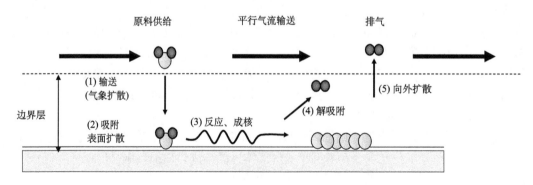

图 3-2　金属有机物化学气相沉积原理示意图

3.2 原子层沉积实验原理

3.2.1 原子层沉积概述

原子层沉积（Atomic Layer Deposition, ALD），也称为原子层外延（Atomic Layer Epitaxy, ALE）或者原子层化学气相沉积（Atomic Layer Chemical Vapor Deposition, ALCVD）。原子层沉积最初由芬兰科学家在 1974 年提出，具有单原子层逐次沉积，沉积层厚度极均匀，三维保形性高的优点，已成为先进半导体工艺技术发展的关键环节[53,54]。在原子层沉积工艺中，新原子层的化学反应直接与之前层关联[55]。

原子层沉积通过将两种以上的气相前驱体源交替地通入反应器，并在沉积衬底表面进行化学吸附反应形成沉积薄膜[53,54]。如图 3-3 所示，利用化学键交替吸附 A、B 两种物质，实现面反应生长，适当的过程温度可以阻碍分子在表面的物理吸附。原子层沉积具有自限制的特点，即在每一个脉冲周期内，气相前驱体都只能在沉积衬底表面的原子成键位发生反应，并恰好以饱和量覆盖衬底表面，能够在非常宽的工艺窗口中逐原子层重复生长。

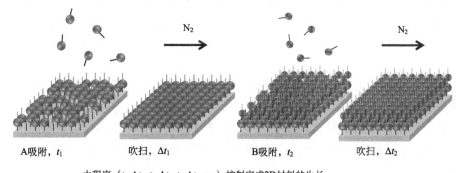

由程序（$t_1, \Delta t_1, t_2, \Delta t_2, t_3, \Delta t_3, \cdots$）控制完成2D材料的生长

图 3-3　原子沉积原理示意图

如图 3-3 所示，原子层沉积的一个基本循环包括四个步骤：脉冲 A、清洗 A、脉冲 B、清洗 B。ALD 的优点如下[54,56]。

（1）可以通过控制反应周期数来控制薄膜的生长厚度，以达到原子层厚度的精确控制目的。

（2）制备工艺的前驱体源是饱和化学吸附，易制备大面积厚度均匀的薄膜目的。

（3）制备的材料三维保形性好，特别适合于高深宽比结构薄膜生长目的。

（4）容易实现薄膜的原位掺杂，可以精确地控制薄膜的结构与成分目的。

（5）薄膜的沉积温度较低（室温～400℃），可以在生物薄膜材料和有机基体材料上进行薄膜生长。

原子层沉积的表面反应具有自限制性，包括两种自限制反应机理，即化学吸附自限制（Chemisorption Self-limiting, CS）和顺次反应自限制（Reaction Self-limiting, RS）[57]。ALD 的原理与 CVD 相似，不同之处在于前驱体是通过中间的惰性气体吹入而依次引入反应室中的,并且沉积是通过连续的表面反应来实现的。反应的工艺温度通常在 400℃以下,远低于其他的化学气相沉积方法。以常见的高 k 栅介质 Al_2O_3 为例,反应温度可以调控在 150~350℃,在反应过程中,先将三甲基铝(TMA)前驱体源脉冲注入反应腔室,调控样品的加热温度,在已选区布满悬挂键的石墨烯样品上完成饱和吸附,在第一个"半反应"结束的时候,铝原子将针对附着有甲基团的衬底表面进行选区覆盖,而沉积腔室中剩余的 TMA 分子也不会再与表面反应;为了保证表面生长的完全饱和,前驱体脉冲会过量注入,在每一个反应完成后需要对腔体环境采用 N_2 等惰性气体吹扫,然后将工艺腔室中的残余工艺气体和反应产物抽走,以此消除寄生 CVD 反应,进而确保纯 ALD 工艺;吹扫完成后,ALD 周期的第二个"半反应"即开始,采用 H_2O 前驱体源进行含氧悬挂键的全面覆盖,使得材料表面恢复至初始沉积状态。该循环具体反应包括:

$$Al(CH_3)_{3(g)} + Si\text{-}O\text{-}H_{(s)} \longrightarrow Si\text{-}O\text{-}Al(CH_3)_{2(s)} + CH_4$$

$$2 H_2O_{(g)} + Si\text{-}O\text{-}Al(CH_3)_{2(s)} \longrightarrow Si\text{-}O\text{-}Al(OH)_{2(s)} + 2CH_4$$

以上前驱体是饱和化学吸附,保证了生成大面积均匀二维薄膜,并且可以轻易地进行掺杂和界面修正。反应是周期性逐原子层依次进行,不需要控制反应物流量的均一性,还可以通过控制反应周期数简单地控制薄膜原子层厚度。ALD 工艺的前驱体材料能否被衬底材料化学吸附是实现反应的关键。其中,任何气相物质在多数材料表面都可进行物理吸附,但化学吸附则必须具有活化能以实现原子层沉积。因此前驱体材料的选择非常关键。

大多数的 ALD 工艺是基于上述的双"半反应"逐层沉积的二元反应进行薄膜制备的,称为 AB 型 ALD,同时还出现了其他变化形式。例如,最近针对低温下的贵金属沉积开发了一种新的 ABC 型 ALD 工艺,其中 ALD 是根据化学吸附、反应和还原步骤的顺序进行的。每个 ALD 循环中的步骤可以在计算机控制下自动进行。当不同材料的 ALD 条件相似时,可以轻松地将这些组件的 ALD 过程按受控顺序组合在一起,以构建各种结构[57]。

3.2.2　原子层沉积分类

从原理上,原子层沉积技术可以分为热型原子层沉积(Thermal ALD, T-ALD)和等离子体增型强原子层沉积(Plasma-Enhanced ALD, PEALD)。

1. 热型 ALD

热型 ALD(T-ALD)是一种传统 ALD 工艺,工艺过程中通过吸收衬底或腔室的热量来获得反应活化能,该工艺可以在高深宽比的复杂结构中实现薄膜沉积。在进行氧化物薄膜沉积过程中,T-ALD 工艺情况下,多以水蒸气作为氧气反应物。

2. PEALD

PEALD 系统是 ALD 最成功的一种改进形式,目前它已作为一种独立形式存在。除了热型 ALD 的优点外,PEALD 可以通过提高膜质量来提供更广泛的前驱体化学选择。

它是通过在传统 ALD 设备中增加等离子体放电装置，采用等离子体来激活反应，因而其周期耗时少。前驱体和衬底表面基团的反应只在等离子体作用下才能被激活，因而理论上 PEALD 工艺不需设置清洗步骤且能获得较高的沉积速率。此外，同其他薄膜沉积技术相比，PEALD 还能增强薄膜性能，降低碳杂质含量和实现低温沉积。

3. 其他

另外，一些辅助方法可用于提供反应所需能量来增强 ALD 性能。例如，光诱导热（Photothermal）或直接光子加热（Photolytic）等是早期使用的方法。

3.2.3　原子层沉积的应用

原子层沉积的自限制特征允许在高深宽比结构上的保形沉积[53,58]。因此，它满足在 MOSFET 中，用于在 DRAM 的沟槽电容器和其他设备中制造高介电常数介电栅极材料的挑战性要求，在微电子行业中成功实现了器件尺寸的缩减，同时也推动了原子层沉积工艺的应用和商用 ALD 设备的巨大增长。

1. 材料种类

ALD 可沉积的材料包括[57,58]以下几种。

(1) 氧化物：Al_2O_3、HfO_2、ZnO、TiO_2、Ta_2O_5、Nb_2O_5、SiO_2、Y_2O_3、La_2O_3、ZrO_2、SnO_2、CeO_2、Sc_2O_3、Er_2O_3、V_2O_5、In_2O_3 等。

(2) 碳化物：TiC、TaC、NbC 等。

(3) 氮化物：AlN、GaN、TiN、TaN_x、ZrN、NbN、MoN、HfN 等。

(4) 金属：Cu、Ru、Fe、Ni、Pt、Pd、Ir、Co 等。

(5) 氟化物：CaF_2、ZnF_2、SrF_2 等。

(6) 复合结构：$AlTiN_x$、$AlHfO_x$、$AlTiO_x$、$HfSiO_x$、$SiO_2{:}Al$ 等。

(7) 硫化物：ZnS、CaS、SrS、PbS 等。

(8) 纳米薄层：HfO_2/Ta_2O_5、TiO_2/Al_2O_3、ZnS/Al_2O_3、TiO_2/Ta_2O_5、ATO（$AlTiO$）等。

2. 应用领域

ALD 的应用领域包括[57]以下三方面。

(1) 微电子学领域：微电子行业是 ALD 的最大采用者之一。为解决减少氧化物厚度的问题，英特尔于 2007 年将 ALD 引入了其批量生产线。随着工业过渡到在微电子器件中将高 k 电介质用于晶体管栅堆叠，ALD 变得越来越重要。某些 ALD 前体（如 TMA）已显示出在 ALD 过程中能够去除所有或部分天然氧化物的能力，这是另一个优势。在新兴电子产品中，使用基于片、管或线的结构（如石墨烯、WSe_2、碳纳米管和半导体）的新型低维半导体纳米线需要保形的高 k 栅极氧化物涂层，并且该涂层不能显著破坏低维材料的独特性能，ALD 可能会在未来成为微电子行业更为重要的工具。

(2) 光电应用领域：ALD 在光电器件中有许多应用。可以将 ALD 沉积的材料用作后接触钝化层，在有机太阳能电池中用作调节电极功函数的手段，在染料敏化太阳能电池中用作防止复合的屏障等。ALD可精确控制三种或多种元素的化合物组成的能力使其在光电材料领域(如光伏)中非常有用，因为它能以可控的方式改变诸如带隙、密度、电导率、能带能级和形态的特性。此外，ALD 的优势对于铜铟镓硒(CIGS)太阳能电池也非常重要。

(3)储能应用领域：在下一代燃料电池中，ALD 也显示出良好的潜力，特别是在固体氧化物燃料电池(SOFC)的应用中。SOFC 是固态电化学装置，能够将氢或其他碳氢化合物气体形式的化学能转化为电能。一方面，这样可在较低温度范围(300～600℃)内合成具有较高离子电导率的材料，或通过减小电解质膜的厚度来降低电解质的电阻；另一方面，如何使用在较低温度下有效的催化剂来增强电极处的反应动力学一直是这方面研发的重点。而这两种方法均可受益于 ALD 带来的优势，并且许多研究已将 ALD 应用于沉积电解质和催化剂。

3. 发展进程

以集成电路的应用为例，伴随集成电路的迅猛发展，半导体器件的特征尺寸按照摩尔定律不断减小，集成度不断提高。2008 年，集成电路(IC)的制造已经进入 45nm 技术代(Intel 公司已有产品量产)，2012 年进入 22nm 技术代(Intel 公司已有产品量产)，2013 年之后进入了 14～20nm 技术代的蓬勃发展期。这于 IC 制造技术而言，不仅是传统意义上 CMOS 晶体管特征尺寸的持续缩小，IC 技术面临的问题越来越严重，包括量子效应、热学以及材料等的一系列物理效应限制，特别是在器件尺寸缩小的同时如何保证器件、电路的正常工作并使其性能获得持续提高更是面临的严重挑战。22nm 节点集成电路 CMOS 器件中的首要关键技术就是用高 k 介质/金属栅取代常规 SiO_2 介质/多晶硅栅，而 ALD 是制备高 k 介质/金属栅的最佳方法之一。

ALD 能沉积高质量高 k 介质薄膜，与衬底形成良好的界面，能改善亚 32nm CMOS 器件中由于高介电常数隔离介质层及界面缺陷带来的沟道电子迁移率下降问题、热稳定性问题，提高器件的电学特性。对于目前亚 10nm 节点的 CMOS 器件，原有的多晶硅栅、氧化硅/氮氧化硅介质层被代之以金属栅、高 k、复合栅、栅极堆栈三维结构，平面 MOS 器件结构可能被槽栅等新结构 MOS 器件替代，对高度的三维保形性的强烈需求，使得传统的热氧化、PECVD 薄膜工艺已不再适用。原子层沉积的原子尺度的控制精度、高度的台阶覆盖性、多种类薄膜的沉积等特点，对集成电路的发展具有深远的科学意义。

3.3 实验设备与器材

3.3.1 实验环境

本实验示例安排在中国科学院大学集成电路学院的微电子工艺实验室中的薄膜沉积系统相关设备千级净化区进行。该区域配备有薄膜沉积设备等系列半导体相关学科的专业教学仪器，以及相关水路、气路、真空配套系统。净化区实验安排以实践教学为主，整个教学过程由师生共同参与，双向互动开展实践教学。

3.3.2 实验仪器

本实验用热性原子层沉积设备(T-ALD)进行实验教学。T-ALD 设备外观如图 3-4 所示。T-ALD 设备主要技术参数如表 3-2 所示。

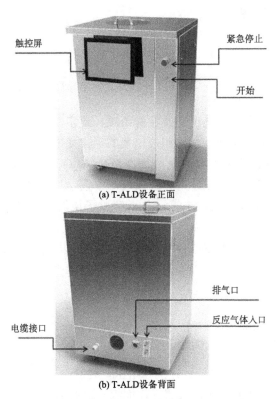

图 3-4　T-ALD 设备外观

表 3-2　T-ALD 设备主要技术参数

性能参数	参数值
功率	110V AC, 60Hz, 单相, 3kW
基板尺寸	4″ wafer(晶圆)
基板温度	室温(RT)至 350℃
源加热器	室温(RT)至 200℃
沉积速率	以 Al_2O_3 为例，在 150℃及 0.15Torr 条件下为 1.1Å /cycle
控制方案	触控屏用软件
前驱体源数量	4
本底真空	$< 5 \times 10^{-3}$Torr
气动阀	用于 ALD 的世伟洛克隔膜阀，响应时间为 5ms
尺寸($L \times W \times H$)	730mm×760mm×1150mm

注：1Å=10^{-10}m。

3.3.3 其他实验器材

(1)衬底基片、清洗台、清洗液、超声清洗机。

(2)工艺气体。

(3)烧杯、镊子、样片盒。

3.4 实验内容与步骤

3.4.1 实验内容

在辅导员的指导下，参照工艺说明及注意事项，逐步完成各道工序，并认真记录每一步操作的周围环境、注意事项，学习相关仪器的操作使用，最后得出实验结果。

示例实验使用 T-ALD 设备在硅片基底表面沉积 Al_2O_3 或 HfO_2 薄膜。在实验开展之前，先理解热型原子层沉积(TALD)的实验原理，掌握 ALD 实验的整体流程。同时熟悉实验室安全守则、实验室应急方法等，并了解原子层沉积设备的整体组成及其工作方式。

在以下操作过程中掌握热型 TALD-100R 原子层生长设备的工艺方法。

1. 实验准备

准备待沉积的硅片。

2. 操作步骤与参数记录

(1)充气，打开沉积室，将硅片放在沉积台上，抽真空。

(2)以沉积 Al_2O_3 或 HfO_2 为例，按照操作面板，进行原子层沉积。

(3)进行参数设置。

(4)抽真空完毕后进行原子层沉积。

①Dose 通入三甲基铝源；

②Reaction 进行沉积 Al 的反应；

③Purge 通入惰性气体将副产物抽走；

④Dose 通水源；

⑤Reaction 进行沉积氧的反应；

⑥Purge 通入惰性气体将副产物抽走；

⑦Goto 重复进行上述反应；

⑧End 沉积结束。

上述过程全为自动操作。

(5)反应结束后，通气，取出硅片。

(6)实验结果观测。

图 3-5 为未沉积硅片(左)和沉积后的硅片 HfO_2(右)的对比。可采用万用表测量二者

的电阻，未沉积薄膜的硅片显示有电阻，沉积 HfO_2 后的硅片检测不到电阻值，证明已经覆盖有绝缘薄膜。

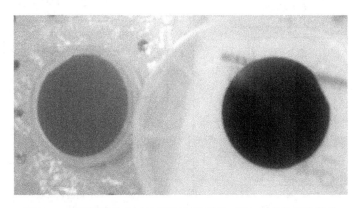

图 3-5　未沉积硅片(左)和沉积后的硅片 HfO_2(右)的对比照片

3.4.2　工作准备

1. 人员实验准备

(1)了解实验原理，熟悉 ALD 设备。
(2)进入超净间前穿好超净服，戴好头套和鞋套，进入之前还需全身吹淋。
(3)检查设备仪器状态是否良好。
(4)掌握操作步骤，谨记实验注意事项，注意实验安全。

2. 设备系统准备

(1)如表 3-3 所示，检查仪器系统的水、电、气是否正常。

表 3-3　设备系统准备工作表

检查项目	检查内容
水	水冷系统是否为打开状态，水是否充足
电	空气压缩机是否为打开状态
气	N_2、O_2 等气源是否为打开状态

(2)确认电源和输气管道已经连接。
(3)保持源瓶手动阀关闭。

3.4.3　工艺操作

T-ALD 设备整个工艺流程共有 22 步，工艺操作流程概要图如图 3-6 所示。

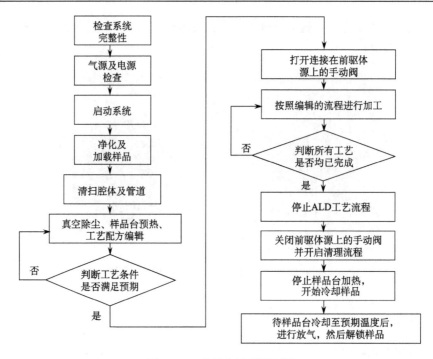

图 3-6 工艺操作流程概要图

1. 开机

(1) 打开气瓶。

(2) 设置 MFC-C 端的压力为 0.2MPa(29psi)。

(3) 设置螺纹阀驱动气体的压力为 0.5MPa(72.5psi)。

⚠注意：在更换源瓶或进行系统真空检查后需要除气。确保在除气过程中源瓶上的所有手动阀关闭。一旦手动阀和螺纹阀之间的空间暴露于空气之中，需要进行除气工艺。

2. 启动

(1) 按下在前板上的电源按钮。

(2) 启动操作系统和控制软件(这些步骤会被自动完成)。

(3) 启动页面会在屏幕上显示，如图 3-7 所示。

⚠注意：在启动前确保紧急制动按钮工作良好。

3. 用户选择

(1) 选择用户类型和输入密码。

(2) 有三类用户权限分别为工艺工程师👤、维修者👤、管理者👤。其中，管理者拥有最高权限。三类用户默认的用户名和密码是：process engineer，gy01；maintainer，

wh02；manager，gl03。

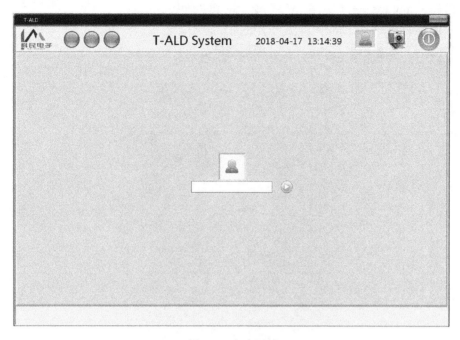

图 3-7　启动页面

4. 测量设置

(1)单击在软件界面下方的标签进入"设置"页面。

(2)在测量和数据存储设置区域，单击 Vg 下方按钮，打开 Vg 阀，如图 3-8 所示。真空规会给出腔室内的实时压力。

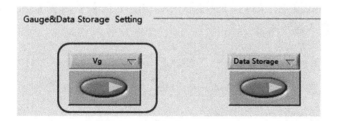

图 3-8　开启 Vg 阀

5. 加热部件设定

在温度设定区域，单击在需要加热的部件下的按钮以启动加热，如图 3-9 所示。

(1)H-Source1——启动在前驱体源瓶 1 上的加热程序。

(2)H-Source2——启动在前驱体源瓶 2 上的加热程序。

(3)H-Source3——启动在前驱体源瓶 3 上的加热程序。

(4)H-Purge——启动在载气通入管道上的加热程序。

(5)H-PumpLine——启动在尾气管道上的加热程序。

(6)H-Heater——启动腔内样品台上的加热程序。

⚠️注意：![表示开关关闭] 表示开关关闭，![表示开关开启] 表示开关开启。

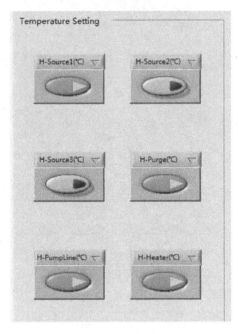

图 3-9　温度设定区域

6. 选择工艺压力

选择在系统参数设置区域内的温度标尺右边的下拉菜单选择工艺压力，如图 3-10 所示。软件会自动载入温度补偿数据。

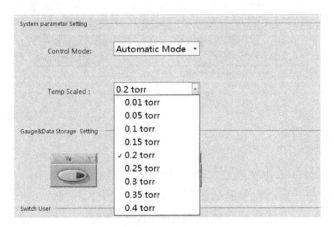

图 3-10　温度标尺菜单

⚠️注意：几组默认的工艺压力罗列在温度标尺菜单中：0.01Torr、0.05Torr、0.1Torr、0.15Torr、0.2Torr、0.25Torr、0.3Torr、0.35Torr、0.4Torr。如果目标工程压力不包含在这个列表中，选择最接近的那项。

7. 运行充气流程

(1)进入自动页面。单击在配方操作区域中空气运作右边的启动按钮"Start"运行充气流程，如图 3-11 所示。

图 3-11 配方操作区域

(2)等待直到腔内的压力达到大气压且腔盖微微从腔室内升起。

⚠️注意：耐心地等待。不要打开腔盖，直到腔内的压力达到大气压为止。否则，腔内的 O 形圈会被损坏。

(3)打开腔盖，将样品放在样品台上并关闭腔盖。

8. 切换自动运行

切换到自动页面，单击系统自动控制区域里的泵下的按钮，如图 3-12 所示。

⚠️注意：尾气管道上的截止阀会在单击泵按钮时被同时开启。

9. 设置特定部件温度

在如图 3-13 所示的温度设置区域内设置特定部件所需的温度。实时温度会显示在右面的方块内。

(1)H-Source1——设置在前驱体源瓶 1 上的温度。

(2)H-Source2——设置在前驱体源瓶 2 上的温度。

(3)H-Source3——设置在前驱体源瓶 3 上的温度。

(4)H-Purge——设置在载气通入管道上的温度。

(5)H-PumpLine——设置在尾气管道上的温度。

(6)H-Heater——设置腔内样品台上的温度。

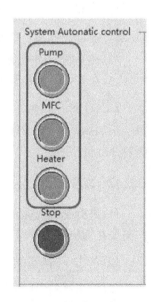

图 3-12 系统自动控制区域

图 3-13　温度设置区域

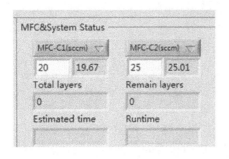

图 3-14　流量计与系统状态区域

10. 开启载气流流量

(1)在系统自动控制区域开启流量计并开启载气流流量,如图 3-14 所示。

(2)在如图 3-14 所示的流量计与系统状态区域通过 MFC-C1 和 MFC-C2 设置气体流量率。

(3)调节在流量计上的流量率直到腔内的实测压力(在压力实际趋势区域内显示)达到工艺压力。

11. 加热

(1)保持腔体压力稳定 10min 以吹扫管道和腔室。

(2)在系统自动控制区域启动加热器,开始在所选部件上加热。

(3)在开始下列步骤前在目标温度上稳定 30min。

⚠️注意:加热样品基片推荐阶梯式的升温。例如,如果 300℃是目标温度,最好第一步加热基片到 150℃,保持 30min。然后加热基片到 300℃,在启动沉积程序前再次保持 30min。

12. 工艺配方

(1)进到配方页面,如图 3-15 所示,选择工艺配方选项卡。创建一个新的配方,用户需要在编辑配方细节前单击配方名称下的方框输入配方名称。

(2)单击 🔧 按钮编辑工艺的配方,单击 💾 按钮保存(保存至多 10 个配方)。

(3)单击 📁 按钮载入已保存的配方。

(4)用类似的方法可以编写预处理配方和清扫配方。

(5)表 3-4~表 3-6 部分显示有推荐的配方。

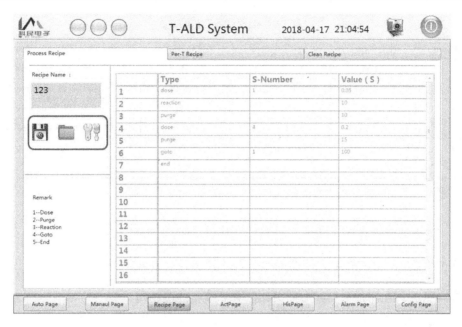

图 3-15 配方页面

表 3-4 推荐参考工艺配方 1

编号(Number)	种类(Type)	S 值(S-Number)	数值(Value)/s	数值意义(Value signification)
1	供气(Dose)	2	0.010	TMA 供气时间(TMA supply time)/s
2	吹扫(Purge)	0	20.000	吹扫时间(Sweep time)/s
3	供水(Dose)	4	0.010	供水时间(Water dose time)/s
4	吹扫(Purge)	0	20.000	吹扫时间(Sweep time)/s
5	循环(Goto)	1 (step number)	150.000	周期数值(Circle number)
6	结束(End)	0	0.000	

注: MFC-C 上的流速取决于工艺要求, 可以为 0 或 20 sccm(标准立方厘米每分钟)。此配方中使用了源瓶 1 和 4。

表 3-5 推荐参考工艺配方 2

编号(Number)	种类(Type)	S 值(S-Number)	数值(Value)/s	数值意义(Value signification)
1	供气(Dose)	2	0.010	TMA 供气时间(TMA supply time)/s
2	吹扫(Purge)	0	20.000	吹扫时间(Sweep time)/s
3	供水(Dose)	4	0.010	供水时间(Water dose time)/s
4	吹扫(Purge)	0	20.000	吹扫时间(Sweep time)/s
5	循环(Goto)	1 (step number)	150.000	周期数值(Circle number)
6	供气(Dose)	0	0.000	

注: MFC-C 上的流速应设置为 0 sccm(标准立方厘米每分钟)。 此配方中使用了源瓶 1 和 4。

表 3-6　推荐参考工艺配方 3

编号(Number)	种类(Type)	S 值(S-Number)	数值(Value)/s	数值意义(Value signification)
1	供气(Dose)	2	0.050	TMA 供气时间(TMA supply time)/s
2	吹扫(Purge)	0	10.000	吹扫时间(Sweep time)/s
3	供水(Dose)	4	0.050	供水时间(Water dose time)/s
4	吹扫(Purge)	0	10.000	吹扫时间(Sweep time)/s
5	循环(Goto)	1 (step number)	100.000	周期数值(Circle number)
6	供气(Dose)	0	0.000	

注：MFC-C 上的流速应设置为 0sccm 或 20sccm(标准立方厘米每分钟)。此配方中使用了源瓶 1 和 4。

13. 改变工艺参数

在配方页面，单击清扫配方选项卡。按上述方法改变参数。

⚠警告：在运行清扫配方前关闭所有源瓶上的手动阀。

14. 开源瓶

(1)确认工艺配方和清扫配方，等到所设的温度和压强都达到为止。

(2)在自动页面上会弹出一个窗口，如图 3-16 所示。

图 3-16　工艺条件的弹出窗口

(3)打开配方所需源瓶的手动阀。

⚠警告：不要将工艺中不需要使用的源瓶打开；否则，会导致人身伤害和设备毁坏。

15. 开启设定工艺

(1)在自动页面，在系统自动控制区域单击"工艺"按钮，开启已设定配方的原子层沉积工艺，如图 3-17 所示。

(2)总层数和剩余层数显示在流量计与系统状态区域，如图 3-17 所示。

16. 工艺配方完成

(1)当工艺配方完成运行后，会弹出一个窗口并显示在自动页面上，如图 3-18 所示。

(2)关闭所用源瓶的手动阀。

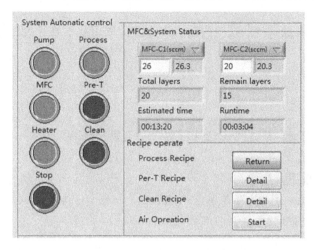

图 3-17　在自动页面上启动工艺

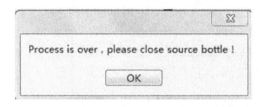

图 3-18　工艺条件的弹出窗口

17. 配方清扫

(1)在自动页面上,在系统自动控制区域单击"清扫"按钮。

(2)系统会自动运行已设定的清扫配方。

18. 停止加热器

(1)等待清扫配方完成运行。

(2)在自动页面,在系统自动控制区域再一次单击"加热器"按钮停止所有的加热器。

19. 关闭气体

(1)等待样品台降温到合适的温度(60~150℃)。

(2)在系统自动控制区域再一次单击"流量计"按钮,停止 N_2 载气气流。

(3)在系统自动控制区域再一次单击"泵"按钮,关闭真空泵。

20. 开腔

(1)在自动页面,在配方操作区域单击"空气运作"按钮,系统会自动开始充气流程。

(2)等到腔体的压力到达大气压且腔盖微微从腔室上升。

(3)打开真空腔室并取样品。

⚠注意：耐心地等待。在腔内压力未达到大气压前不要开盖。否则，腔内的 O 形环会损坏。

21. 关腔

(1) 关闭腔室。

(2) 进到自动页面，单击"流量计"按钮开启载气流率，设置 MFC-C1 和 MFC-C2 到 20sccm。

(3) 按"泵"按钮开启泵。

(4) 设置 H-Heater 到 150℃并单击"加热器"按钮开启加热器。

(5) 保持系统空载运行。

22. 打印实验报告

(1) 双击 D 盘根目录下的文件 ReportGenerationBZ.exe。

(2) 报告生成器会自动打开。

(3) 单击右上区域的 RepGeneration 按钮。

(4) 以当前日期命名的就会在同一目录下生成。

⚠注意：确保在除气过程中所有源瓶手动阀都保持关闭。一旦手动阀和螺纹阀之间的空间暴露于空气之中，需要进行除气工艺。

3.4.4　实验报告与数据测试分析

(1) 写出原子层沉积制备薄膜的实验操作步骤。

(2) 采用椭偏仪测试沉积所得薄膜不同位置的膜厚、计算薄膜沉积的均匀性并分析讨论。

(3) 完成思考题。

3.4.5　实验注意事项

1. 操作安全

为防止受伤需遵循以下指示。

(1) 在没有合格或完全读懂这本手册和所有系统上的警示标签之前，请不要操作和维护设备。如果对设备有疑惑，请联系产品手册上的联系电话。

(2) 有危险的电压。电压和电流都足够危险以引起触电、灼烧或致死。在维修前请断开和切断电源。

(3) 表面高温和防火安全。请小心高温的腔盖和反应室；不要直接用手触碰，不要将可燃物放置在设备的下面、上面或旁边。等所有高温部件冷却后再处理样品。

(4) 确保所要求气体的恒定供应。螺纹阀的驱动气体气压为 0.5MPa(72.5psi)，工艺气体气压为 0.2MPa(29psi)。

(5)在手动模式或维护模式下，在打开 Vf 阀之前打开真空泵，以防止有泵油进入排气管和真空腔室所引起的污染。相反地，在关闭泵前关闭 Vf 阀。

(6)在完成下面步骤前请不要加热：腔室抽真空，充满惰性气体(N_2)以达到所选定的工艺气压。

(7)不要将爆炸性的或挥发性的物质放入反应室。在基片上和反应室内不能使用真空硅脂。

(8)在电源故障后，重启或维护时需要加热。加热样品台到一个确定的温度(通常100℃)。按照上面操作说明指示运行整个吹扫流程。在处理样品后需要除气。

(9)不能打开未加热(如室温)的反应室的腔盖，加热反应室到至少80℃。

(10)在完成样品处理后保持样品台的加热器温度在150℃。保持系统无负载运行。

(11)不要在无人监控的情况下运行系统；不要通宵运行系统。

2. 化学安全(前驱体的使用)

(1)提前获知所有实验所用物质种类，并提前查阅物质安全数据资料。

(2)遵循制造商关于物质的安全处理和使用的指示，以及使用推荐的个人保护装置，如手套和面具。

(3)大多前驱体是剧毒、易燃和易爆炸的。工艺后，源瓶的手动阀处于开启状态将可能导致有毒气体的吸入与由湿气侵入导致的爆炸。在工艺后确保将手动阀关闭。

(4)在启动加热模块前检查热电偶。如果热电偶损坏或掉落则在前驱体源瓶上的温控就会失效。过度加热源瓶将引起前驱体热分解和导致爆炸。

(5)如果前驱体源已用完，请联系售后服务部门或者化学物质提供商。在工艺过程中，脉冲的消失意味着缺少前驱体源。

(6)不要将前驱体源瓶装满。这里建议只装源瓶体积的 40%，如 50ml 的瓶子装 20ml。

(7)确保完全明白前驱体的置换流程(参考 3.4.3 节)。

(8)这里建议将水瓶安装在第四源通入处。

(9)在换源瓶和系统真空检查后需要除气。在除气过程中确保所有的手动阀都已关闭。一旦手动阀和螺纹阀之间的空间暴露于空气，就需要进行除气工艺。

3. 系统故障应对措施

如果系统和设备处于一次系统故障中，立即关闭电源并操作以下步骤。

(1)断开和切断系统电源。关闭阀门并释放压力。

(2)确认事故原因并在重启系统前纠正它。

3.4.6　教学方法及难点

1. 教学目的

(1)掌握化学气相沉积(CVD)的原理、类型与技术特点。

(2)辨别至少四种化学气相沉积的应用。

(3)列出两种沉积区间并说明它们与温度之间的关系。

(4)掌握原子层沉积技术制备 Al_2O_3 薄膜的基本原理。

(5)熟悉原子层沉积技术的设备结构与仪器原理。

(6)熟悉原子层沉积制备薄膜的基本操作步骤。

2. 教学方法

首先由教师介绍溅射原理和仪器操作方法,然后介绍磁控溅射的实现过程及关注点,最后采用 SP-3 型磁控溅射台进行以下步骤的操作演示。

(1)打开惰性气体阀门通入氩气。

(2)打开真空泵。

(3)将晶圆放入反应腔室中。

(4)在操作台上,依次打开反应所需要的阀门。

(5)将反应腔室抽真空,打开加热开关。

(6)在控制面板按照示例参数输入数据。

(7)工艺过程:通入惰性气体氩气→通入 0.02s $Al(CH_3)_3$→使用惰性气体吹 40s →通入水汽 0.015s →使用惰性气体吹 40s。

(8)将此过程循环 200 次。

(9)ALD 工艺完成,单击传输腔的"充气"按钮,完成充气。

(10)然后单击"取样片"按钮,就可以取出样片。

3. 教学重点与难点

(1)高密度等离子 CVD 的工艺过程。

(2)从化学气相沉积的历史来源与发展进程中了解 ALD 的原理。

(3)学会使用 TALD-100R System,还有各项操作注意事项。

(4)了解利用原子层沉积法制备薄膜材料的方法,掌握原子层沉积仪器设备的使用方法。

(5)理解将相前驱体源在沉积衬底表面进行化学吸附反应的方法与原理。

(6)了解原子层沉积基本循环步骤及周期。

(7)了解如何提高薄膜沉积速率的方法与原理。

(8)了解精确控制薄膜厚度的均匀性的方法与原理。

(9)了解提高反应前驱体化学选择的方法。

(10)对可能产生的不良反应及沉积结果进行预测,分析其产生原因。

4. 思考题

(1)ALD 技术的特点及生长机理是什么?

(2)请比较 ALD 技术与 PVD、CVD 的技术特点。

(3)为什么晶圆的薄膜从不同角度看,色彩会有所改变?

(4)列出最常使用的介电层薄膜在化学气相沉积中所使用的原材料。

第4章 光刻工艺实验

4.1 光刻工艺概述

光刻(Photolithography)一词来自希腊语的 Lithos(石头)和 Graphia(书写)，也称为光学光刻(Optical Lithography)，这是集成电路领域中一个重要的工艺步骤。这种微加工工艺是一种在薄膜沉积、刻蚀、掺杂等其他工艺步骤之前，对薄膜或者衬底材料上的结构进行构图的过程[59-61]。该工艺通过数以万计晶体管微结构的构建以及布线组合，形成现代微电子设备的复杂电路。光刻工艺通常使用光将掩模上的几何图形转移到涂有光致抗蚀剂(对光敏感的具有抗蚀能力的高分子化合物，即光刻胶)的衬底上，并通过一系列的工艺步骤完成图形转移[2, 6, 7]。其中掩模也称掩模版、光掩模(Photomask)或光刻版(Optical Mask)，光刻曝光时，覆盖于晶圆表面光刻胶上的掩模中不透明的图形(如铬薄膜)对光起到掩蔽作用，即只有透明区域受到光的照射。

半导体光刻工艺的基本过程包括衬底准备、涂胶、前烘、曝光、后烘、显影、硬烘、检测等系列步骤[2,59]。光刻的基本原理类似于照相，通过该过程曝光并显影衬底表面的一种感光聚合物(光刻胶)，在衬底上形成一种三维浮雕图像[2, 6, 7]。理想情况下，该工艺使得衬底表面光刻胶形成的图案与设计版图或者预期设计图案一致，并且该图案垂直穿透光刻胶。这样完成光刻的光刻胶可以形成一种二元图案(衬底的一部分被抗蚀剂覆盖，而其他部分则完全未被覆盖)，以保护后道工艺中被光刻胶覆盖的部分衬底不受蚀刻、离子注入或其他图案转移机制的影响。

如图 4-1 所示，光刻是集成电路(IC)制造的最关键步骤。首先，在主流的微电子制造过程中，光刻是最复杂、昂贵和关键的工艺。例如，在以 CMOS 电路为代表的复杂的集成电路中，晶圆可能会经历几十次光刻，其成本约占整个硅片加工成本的 1/3 甚至更多。其次，随着集成电路的关键特征尺寸在不断地等比例缩小，光刻也趋向于技术上的

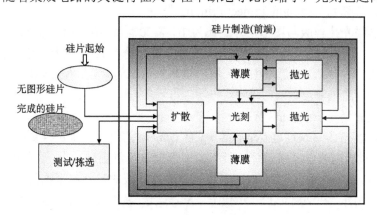

图 4-1 集成电路制造工艺

极限，这限制了特征尺寸的缩小，进而影响了晶体管制造工艺的发展速度和硅片面积的增大。因此，在研发光刻工艺的时候，需要仔细了解成本和性能之间的权衡[62]。

光刻技术有一个关键的技术指标，即分辨率(Resolution)，它指的是光刻机能够将掩模版上的周期图形在衬底面光刻胶中的转印还原的最小极限特征尺寸(Critical Demision，CD)，通常用该极限周期图形的半节距(Half Pitch)表达分辨率[60, 61]。随着半导体技术的发展，其传递图形的尺寸极限在不断缩小，光刻设备光源的波长在不断缩短，由原来的 e 线、g 线、h 线、i 线发展到远紫外、准分子激光、极紫外、X 射线以及各种粒子束光源，如电子束、离子束，光刻设备的系统也越来越复杂。尽管光刻不是 IC 制造流程中唯一在技术上重要且具有挑战性的过程，但从历史上看，光刻技术的进步已是掌控 IC 成本和性能方面的关键步骤[6, 7]。

4.2　光刻工艺实验原理

4.2.1　曝光系统

1. 曝光系统分类

通常人们用特征尺寸来评价一个集成电路生产线的技术水平。特征尺寸指的是设计的器件栅长，它与光刻技术所能达到的最小线条工艺密切相关。光刻技术的发展与集成电路的特征尺寸是否能够进一步减小有密切关系[57]。常见的曝光方式包括以下几种[6]。

1) 接触/接近式曝光(Contact/Proximity Printing)[63]

在这两种情况下，掩模覆盖整个晶片，并同时对每个管芯进行图形化。其中，接触式曝光使光掩模与晶片直接接触，相应的曝光系统将在均匀的光线下，在衬底上曝光出与掩模版分辨率相当的图形(可低至辐射波长量级)。接触式曝光机设备相对简单，但是因为直接接触造成掩模损坏及成品率低，该工艺无法在大多数生产环境中使用。而接近式曝光机会在光掩模和晶圆之间留一个小间隙，以避免掩模与光刻胶的直接接触而造成的损伤。但是这种间隙会引入降低曝光分辨率的衍射效应，需要特殊的光路调制提升分辨率。

2) 扫描投影曝光(Scanning Project Printing)[6]

扫描投影曝光掩模版与图形尺寸之比为 1:1，20 世纪 70 年代末至 80 年代初即可达到 1μm 精度，它利用反射镜系统把 1:1 图像的整个掩模版图形投影到硅片表面，图像没有进行放大、缩小。这虽然避免了采用透镜系统带来的问题，但是也限制了硅片尺寸、增加了掩模版制造的难度。

3) 步进投影曝光(Stepper)[64]

步进投影曝光(Stepper)是 step-and-repeat camera 的缩写，步进重复投影曝光使用投影掩模版，通过折射光学系统将掩模版上的图形聚焦投影到硅片上。它的曝光区域(单次曝光所能覆盖的区域)可以达到 $8in^2$ 以上。一般掩模版的尺寸将根据需要转移图形的 4 倍或以上倍数制作。在 20 世纪 80 年代末至 90 年代，最小线宽可以达到 0.25μm(DUV)。

4) 步进扫描投影曝光(Scan-Stepper)[7]

步进扫描投影曝光融合扫描投影和分步重复光刻技术的混合功能。这种系统每次仅扫描单个电路掩模的部分区域，并按区域分步重复逐场曝光。这可以增加视场，并且可实现逐场调焦，因此可以实现光刻分辨率的提高，并且降低晶圆缺陷及平整度等问题带来的影响。但是这样的操作也使得光刻工艺相比于原始的步进投影光刻需要更长的工艺时间。这种步进扫描投影曝光技术在 20 世纪 90 年代取得较为普遍的进步，到 2000 年之后基本上已经普及。

2. 曝光系统工作原理[61-63]

图 4-2 显示了接触式和接近式光刻工艺中，通过掩模版的原始图案曝光光刻胶的工艺方法。顶部光源通过光路系统投射至掩模版，常规的光刻技术采用紫外光、光致抗蚀剂为中间载体来实现图像信息在不同介质间的转移。以标准的重氮萘醌系正性光致抗蚀剂为例，原本不溶于水性、碱性显影剂的光敏化合物(PAC)在暴露于 350～450nm 范围的紫外光下会转化为羧酸，羧酸产物可溶于碱性显影剂。在光刻工艺的曝光(或其他类型的光辐射)工艺流程之后的显影工艺步骤中，抗蚀剂在显影剂中的溶解度会随着反应发生变化。因此，入射在光致抗蚀剂上的光能的空间变化将引起抗蚀剂在显影剂中的溶解度的空间变化，以实现图像信息更为精确的实体转移。

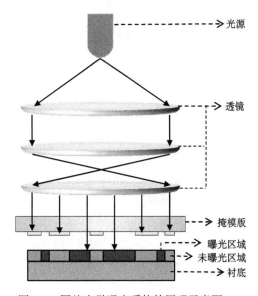

图 4-2　圆片光学曝光系统的原理示意图

在集成电路的半导体工艺制造过程中，涉及成百上千道处理步骤，其中包含了多道光刻步骤。光刻步数或者掩模版数量是一种半导体工艺难易程度的典型标准。而在具体的曝光工艺过程中，则需要更多标准化的细致研究来提升工艺的可靠性，以实现缺陷追踪及工艺的精确控制。

3. 曝光系统关键参数[65, 66]

对于光刻工艺过程来说，曝光能量和焦距是曝光中最重要的两个参数。只有这些参数得到控制，才能得到可靠的图形分辨率，以及关键图形的尺寸控制。

作为光刻机的核心部件，透镜光学系统的传统透镜是由光学玻璃制成的，工作原理如图 4-3 所示。对于 248nm 的深紫外光，合适的透镜材料是熔融石英。在 193nm 和 157nm 波长，CaF_2 是一种候选透镜材料。透镜材料对光的吸收会产生大量热，会造成光学系统折射率的变化。另外，激光还会导致透镜材料的变形损伤，同样会改变材料折射率，这会极大地影响曝光系统的精度。

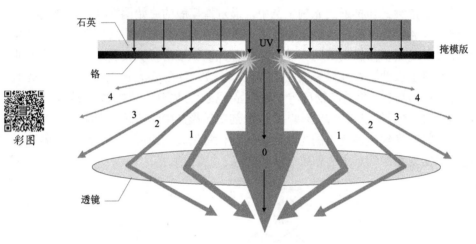

图 4-3　透镜收集衍射光的示意图

透镜光学系统有三个重要参数：数值孔径(NA)、分辨率(R)、焦深(DOF)。

1) 数值孔径

光学曝光系统的数值孔径是衡量该系统能够收集光的角度范围。数值孔径等于光学曝光系统所处介质的折射率(n)和光学曝光系统所能收集光束角度正弦($\sin\theta$)之乘积，它与透镜的有效直径成正比，与焦距成反比。

$$NA = n\sin\theta \approx n\frac{透镜的半径}{透镜的焦长} \qquad (4\text{-}1)$$

其中，n 为介质的折射率；θ 为主光轴和透镜边缘的夹角[20]。

2) 分辨率[6, 66]

在光学曝光工艺中，某种曝光成像设备或者某种光致抗蚀剂所能产生清晰图像的最小图形尺寸，如图 4-4 所示。

$$R = \frac{K\lambda}{NA} \qquad (4\text{-}2)$$

其中，K 表示特殊应用因子 0.6～0.8；λ 表示光源的波长；NA 表示曝光系统的数值孔径[6]。

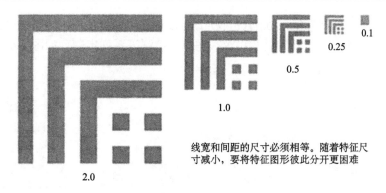

线宽和间距的尺寸必须相等。随着特征尺
寸减小，要将特征图形彼此分开更困难

图 4-4　光刻分辨率测试图形示意图

3）焦深[67, 68]

焦深（Depth of Focus）即聚焦深度，也称为景深，这是成像镜头的另一个重要特征。焦深表示的是焦点上下的一个范围值，在这个范围内图像连续保持清晰，如图 4-5 所示。

$$DOF = \frac{\lambda}{2(NA)^2} \tag{4-3}$$

其中，λ 表示光源的波长；NA 表示曝光系统的数值孔径。

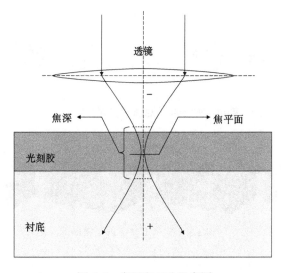

图 4-5　焦深（DOF）示意图

4.2.2　工艺流程

全套光刻工艺基本流程包括三大主要步骤[65]。

（1）版图设计。

（2）光刻版制作。

（3）图形信息转移至硅片等衬底。

在本课程中，将重点教授图形信息转移至硅片等衬底这一关键实验步骤，以接触/

接近式光刻机采用正性光致抗蚀剂(正胶)工艺为例，该步骤又具体分为衬底晶圆的准备工作、涂胶、前烘、曝光、后烘、显影、坚膜、检测等系列步骤，如图 4-6 所示。

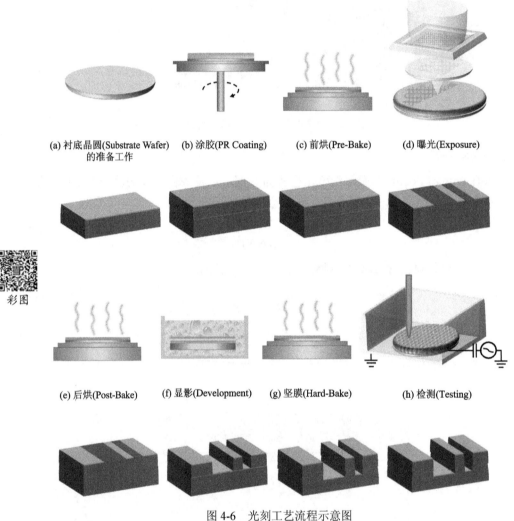

彩图

(a) 衬底晶圆(Substrate Wafer)　(b) 涂胶(PR Coating)　(c) 前烘(Pre-Bake)　(d) 曝光(Exposure)
的准备工作

(e) 后烘(Post-Bake)　(f) 显影(Development)　(g) 坚膜(Hard-Bake)　(h) 检测(Testing)

图 4-6　光刻工艺流程示意图

1) 衬底晶圆的准备工作

光刻的第一步是清洗、脱水和硅片表面底膜附着处理。其中六甲基二硅胺烷(HMDS)为常见底膜材料(可于 200～250℃温度环境处理 30s)。目的是增强硅片和光刻胶的黏附性。

2) 涂胶

在示例教学中采用了 KW-4T 型匀胶机旋转涂胶。不同的光刻胶要求不同的旋转涂胶条件(一般选择速度为先慢后快)，通过看似简单的旋涂工艺，可以在特定的、可控制的厚度上薄而均匀地涂覆光致抗蚀剂。在该工艺中，转速、时间等大量参数可能会对光刻胶厚度均匀性和控制产生重大影响。

3）前烘

前烘也称为软烘或者预烘烤（Softbake or Prebake），通过除去该过量水分来干燥光致抗蚀剂，以提高其对衬底的黏附性和均匀性。需要注意过强的烘烤和过弱的烘烤都会影响曝光效果。常规的光致抗蚀剂以及对应的工艺条件中，软烘的温度通常控制在 85～120℃，而烘烤时间为 30～120s。

4）曝光

预烘烤后会将光刻胶暴露在某种波长光线下曝光，以使光致抗蚀剂激发化学反应，该反应允许通过称为显影剂的碱基特殊溶液除去选定区域的光致抗蚀剂。本书将采用 Lithography-50 型紫外光刻机进行曝光实验。其中常见的正型光刻胶在曝光后可溶于显影剂，而对于负性光刻胶，未曝光区域可溶于显影剂。曝光过程中需要重点关注曝光能量及搅拌这些关键参数，以保证图形的关键尺寸能获得良好的分辨率。

5）后烘

曝光后烘烤（PB）一般在显影前进行。这道工艺通常是为了减少入射光与反射光干涉所引起的驻波现象。在深紫外光刻中，通常使用具有化学放大功能的光致抗蚀剂，该抗蚀剂在曝光后增加一道后烘（PB）工序，利用后烘过程中被曝光的抗蚀剂发生的光酸效应，产生大量酸基，充分移除抗蚀剂中的保护基团，从而在后续显影工序中，更容易溶解于碱性显影液，起到增强感光灵敏度的作用。该过程对后烘温度、后烘时长和曝光后延迟后烘的时间比较敏感，需要严格控制。

6）显影

显影液可以溶解掉光刻胶中软化（分子量小）的部分。本显影实验包含三个步骤：显影、漂洗、干燥。

7）坚膜

坚膜又称硬烘。如果使用了非化学放大的光刻胶，则通常在110～180℃下将所得晶圆烘烤 20～50min。硬烘能够去除残余水分固化光刻胶，以在光刻之后的工艺步骤如离子注入、湿法化学蚀刻或等离子干法蚀刻中形成更耐用的保护层。光刻胶完成显影之后，其图形已经大致确定了，但是此时的光刻胶中还残留有大量的水分。为了使光刻胶的性质更加稳定，需要烘干这些水分，去除光刻胶中剩余的水分，这一步骤称为硬烘或者坚膜。硬烘可以增强光刻胶对不同种类衬底表面的附着力，还能提升光刻胶在后续刻蚀或者离子注入等工艺过程中的抗蚀能力。另外，在高温过程中，光刻胶的软化会使得光刻胶因材料表面张力作用变得圆滑，并修复光刻胶中的针孔状缺陷以及光刻胶的边缘轮廓变形。但是这也会影响光刻胶横截面的侧壁陡直度，这时可以利用调整硬烘温度和时间的方法来对光刻胶形貌进行控制与调整。通常在 85～180℃的温度范围内，时间为 20～40min。

8）检测

在整套光刻工艺中为了保证图形转移的精确度，将逐步对进行光刻的图形衬底进行检测，包括曝光过程中的重叠、错位、掩模方向错误、晶圆方向错误、x 方向错位、y 方向错位等对准问题检测，临界尺寸检测，划痕、针孔、瑕疵和污染物等表面不规则图形检测等。

4.2.3　关键工艺步骤——对准

1. 对准工艺概述

现代集成电路都要用到多块掩模版。在开始用掩模的图像对光致抗蚀剂进行曝光之前,该图像必须与晶圆上先前定义的图案对准。这种对准以及两个或更多个光刻图案的最终套准是至关重要的,因为更紧密的套准控制意味着可以将电路特征紧密地包装在一起[65, 69, 70]。通过精确的对准实现集成电路工艺逐层图形之间更准确的套刻,以此获得更紧密的系统布局,这与通过更高分辨率的激光元器件来实现每个芯片更多功能的小型化几乎一样重要。通常对准容差需要达到关键尺寸的1/3以上。

当投影掩模版被装到掩模版台上时,它必须和被曝光衬底晶圆进行对准。投影掩模版的对准标记被一束激光照亮后通过固定的对准参考标记,一旦参考标记对准,就相当于把承片台和投影掩模版对准了。如图4-7所示,对于原始晶圆,在第一道光刻工艺前,需要先在未经图形化的衬底晶圆上刻蚀零级对准标记。光刻对准时,承片台可以多维度调整,使得晶圆调整至接触或者接近掩模版的位置,完成对准标记的对准。然后每次曝光需要进行整场对准(粗对准)和逐场对准(细对准)。

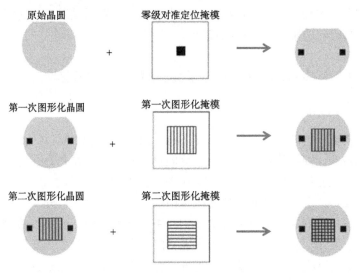

图 4-7　基本光刻对准示意图

2. 对准工艺流程

以采用单面接触(近)式光刻机晶片手动套刻对准为例,需要进行以下操作,如图4-8所示。

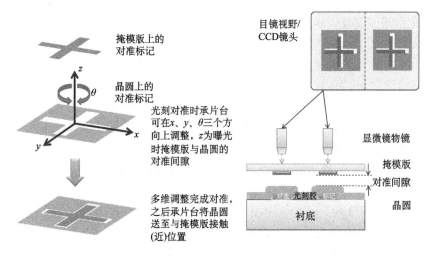

图 4-8　单面接触(近)式光刻机晶片手动套刻对准示意图

1) 零层对准

采用没有做过任何曝光工艺的原始硅片进行初次曝光时,由于硅片上没有标记,因此可以直接调控对准间隙(z 方向),完成初次的接触(近)式曝光,其中对准间隙 z 一般设定为 0~20μm。

2) 粗对准

粗对准通常为掩模版和硅片都更换时需要进行的整场对准,需要进行掩模版、晶圆、曝光设备到位确认,投影掩模版的对准标记被一束激光照亮后,光透过掩模版照射至晶圆对应位置。

3) 精对准

如果为只有硅片更换后需要完成的对准,可以只做这一步。对准步骤为通过显微镜目镜或者 CCD 观察样片与掩模版对准标记的情况,通过调节 x、y、θ 旋钮操控承片台使镜头中的掩模、晶圆对准标记按照掩模设定的对准精度完成对准。

4) 对准调整

完成对准后,调整至曝光时的对准间隙(z 方向),再次通过显微镜目镜或 CCD 观察对准情况,如果不能达到满意的效果,重调对准间隙后(z 方向增大至承片台可操控范围),再次做第 3 步精对准,直至上调对准间隙 z 后达到对准要求。之后把设定好曝光剂量的曝光光源对准样片,确认曝光。

4.3　实验设备与器材

4.3.1　实验环境

本实验示例安排在中国科学院大学集成电路学院的微电子工艺实验室中的光刻相关设备所在的百级净化黄光区进行。该区域配备有光刻机、光刻胶处理系统、热处理系统等系列半导体相关学科的专业教学仪器,以及相关光刻胶耗材、水路、气路、真空配套系统。净化区实验安排以实践教学为主，整个教学过程由师生共同参与，双向互动开展实践教学。

在批量生产中，光刻机工作的环境条件非常重要，微小的变化都有可能引起器件的缺陷。其中重要的环境条件有温度、湿度、振动、大气压力和颗粒沾污。

其中，光刻胶在工艺前期需要执行去湿等增加黏附性操作，否则光刻胶不能牢固地黏附于衬底，不但容易在显影过程中脱落，还容易在后续的刻蚀或离子注入工艺中出现问题。光刻胶脱落的可能原因包括如下几种。

(1)硅等疏水材料表面使得光刻胶黏附性变差，同时衬底表面的沾污也会阻碍光刻胶黏附。

(2)硅片表面潮气吸附，一般用脱水烘烤来解决。

(3)不充分 HMDS 等黏附底膜成膜。

(4)过多 HMDS 等黏附底膜可能造成光刻胶在后续烘胶等热过程中的应力失配，出现孔隙、裂痕，降低了光刻胶的黏附性。

为了保障工艺中光刻胶厚度的精准控制，还需要在工艺进行之前检查匀胶机的旋转加速度和速度。旋转速度越高，光刻胶越薄(厚度与旋转速度的平方成反比)，具体工艺参数以光刻胶厂商提供的光刻胶厚度与匀胶机转速特性曲线为参考。如果过度低于特性参考曲线提示的转速，会因不规则的溶剂挥发而使得光刻胶厚度不均匀。

4.3.2　实验仪器

本课程将安排 Lithography-50 型紫外光刻机进行实验教学。该设备主要用于实验室用紫外接近、接触式光刻制造小规模集成电路、半导体器件、红外器件、微机电系统(MEMS)等。仪器性能指标和设备参数如下。

(1)曝光光源(Exposure Light Source)：LED 365nm。

(2)数值孔径(NA)：0.12。

(3)分辨率(Resolution)：1μm。

(4)对准精度(Alignment Accuracy)：±0.8μm。

(5)基底尺寸(Substrate Size)：2in。

(6)曝光均匀性(Uniformity of Exposure)：<5%。

(7)曝光方式(Exposure Method)：接触式(Proximity)。

(8)曝光强度(Exposure Intensity)：3mW/cm^2。

(9)视场大小(Field Size, for Reticle with Pellicle)：Max X 为 35.0mm，Max Y 为 35.0mm。

(10)失真 Distortion(Dynamic)：≤30 nm。

Lithography-50 型紫外光刻机设备结构如图 4-9 所示，包括如下几个系统。

(1)对准系统(含 CCD)。

(2)曝光系统(含工作台和单片机系统)。

(3)视频图像系统。

(4)计算机主机及软件。

(5)键盘操作系统。

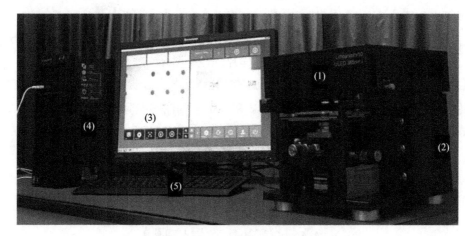

彩图

图 4-9 Lithography-50 型紫外光刻机整机外形照片

4.3.3 仪器操作规程

Lithography-50 型紫外光刻机使用时需要 220V 电源(电流大于 10A 以上),需要配置真空泵等。

1. 开机准备

将光刻机总电源插头插在配电插座上,开启真空泵,检查真空表读数显示是否正常。

2. 开机

1)检查连线
开启设备前,确认设备连线是否正确。
2)开启电源
依次开启计算机、显示器和设备电源。

3. 上掩模、上片

(1)检查掩模气管是否插好。
(2)放上掩模,将掩模与掩模架上四个定位钉靠紧(注意掩模的正反面),按下 MASK 按钮将掩模吸到掩模架上(如漏气,检查气管和 MASK 按钮是否漏气,或者将掩模表面和掩模架安装面擦干净)。
(3)拖出样品托盘,再将样品放在承片台上,并保证两者的中心大致重合(硅片的切边方向),然后将托盘推回原位。

4. 曝光、对准

(1)根据自己的工艺条件,设定好曝光时间。

(2)如不需对准，则直接单击 Exposure 按钮 ，系统自动完成上升、调平过程，待上升到曝光位置，单击 Wafer 按钮吸片，然后单击"上升"按钮 （根据实验确定点几下），再单击"运行"按钮 ，曝光开始，待曝光数字 变为 0，曝光完毕。单击 Wafer 按钮，拉出托盘，取出曝光后的样片。

(3)需要对准的曝光方式：单击 Focus 按钮 ，电机带动样品台上升使样品自动调平，然后单击"上升"按钮 ，使 Mask 和 Wafer 的图案能同时看清楚，调节 X、Y，对准后，按步骤(2)操作，完成曝光。

5. 关机

关机的顺序和开机相反，依次关闭设备、显示器和计算机电源。

4.4　实验内容与步骤

本节将安排图形信息转移至硅片衬底这一关键光刻工艺实验，下面是光刻工艺步骤以及对各光刻工艺细节步骤的要求。

4.4.1　实验内容

(1)在硅片上完成光刻胶旋涂：采用 KW-4T 型匀胶机，通过调节转速等参数，调控光刻胶涂层厚度。

(2)图形对准曝光：通过调整位移平台，完成掩模对准操作；通过调节曝光时间，达到更优异的曝光效果。

(3)完成显影过程：调整显影时间实现特定厚度光刻胶显影；完成显影之后在显微镜下观察完成显影后的图案；并根据显影图案分析对准精度及曝光显影精度。

4.4.2　工作准备

1. 人员实验准备

1)实物操作培训

(1)实验培训之前，学生需要学习并理解光刻工艺的基本概念及原理。

(2)同时实验教学辅导员利用 10min 时间，基于匀胶机、光刻机、烘箱等教学媒体实物机台对学生逐一讲授，使学生能够学习并了解该仪器的基本构成与运作原理。

2)掩模版及硅片清洗

(1)在光刻工艺开始之前检查掩模版及硅片表面的颗粒污染。

(2)对掩模版采用碱溶液及去离子水进行清洗，并用氮气枪吹干。将进行光刻实验的硅片进行 RCA 全流程清洗，采用氮气吹干后置于 180℃烘箱静置 30min，进行脱水处理。

3)按指定比例调配显影液

(1)显影液指的是使感光材料经曝光后产生的潜影显现成可见影像的药剂。

(2)不同种类光刻胶的对应显影液种类及浓度不尽相同。

(3)通常正胶的抗碱性差而耐酸性好，所以可采用弱碱性显影液进行显影，例如，1.5%～3%的 Na_3PO_4 水溶液。如果为了避免钠离子对器件的不良影响，也可用有机碱性水溶液进行显影，如氢氧化四烷基铵水溶液等。

(4)由于碱性显影液会受空气中 CO_2 的影响而变质，显影速率会随时间发生变化，因此该项准备工作需要在实验开始之前 1h 之内完成。

2. 设备系统准备

(1)开启设备前，确认设备连线是否正确。

(2)检查所有实物机台已通电。

(3)开启真空，检查气表压力是否正常。

4.4.3 工艺操作

1. 涂胶工艺

该工艺步骤要求是在衬底片表面涂敷一层黏附性良好的、厚度均匀的、致密的连续性胶膜。涂胶有旋转、喷涂等不同涂胶方法，本实验中将采用 KW-4T 台式匀胶机进行旋转涂胶。其外形及结构如图 4-10 所示，装上适合尺寸的载片台，可匀 2～4in 的晶圆。具体操作如下。

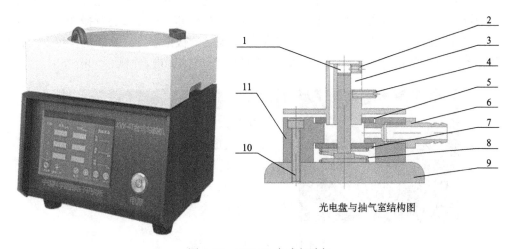

光电盘与抽气室结构图

图 4-10　KW-4T 台式匀胶机

1. 限位块 2. 限位顶丝 3. 光电盘 4. 紧固顶丝 5. 上密封环 6. 气嘴
7. 下密封环 8. 顶簧 9. 电机 10. 抽气室紧固螺钉 11. 抽气室

(1)选择合适的片托(略小于样片尺寸)，将缺口对准螺钉。片托安装时一定要安到底。

(2)开启电源，按"控制"键。

(3)调节合适的匀胶时间和转速。转速 I 为低速，转速 II 为高速。

(4)放片，要注意放正。

(5)按"吸片"键开始抽气。注意在按"吸片"键之前，转速电位器上的指示灯不应亮。

(6)按"启动"键电机旋转，数字稳定后为实际转速，如1.50，即1500r/min。

(7)滴胶，动作要快些，要在低转速时间内滴胶完毕，然后匀胶机变为高速匀胶。若不知匀胶机是低速还是高速运转，则可以从电位器上的指示灯来判断，黄色为低速，绿色为高速。

(8)数字多圈电位器只用来调节转速，其读数和显示转速不对应，LED 显示的读数才是实际转速。当数字无显示时，电位器上的读数可供参考。

(9)电机停转后，再次按"吸片"键，取下片子。

(10)匀胶时间、转速若不合适，可随时调节。

(11)继续匀胶时重复(4)～(8)步。

(12)匀胶结束后按"吸片"键和"控制"键，关断电源。

不同的光刻胶要求不同的旋转涂胶条件(一般选择速度为先慢后快)，一些光刻胶应用的重要指标是时间、速度、厚度、均匀性、颗粒沾污以及缺陷，如针孔。

2. 前烘

前烘也称软烘，目的是蒸发光刻胶中的溶剂。通过在较高温度下进行烘焙，可以使溶剂从光刻胶中挥发出来，从而减少了灰尘的沾污、减轻薄膜应力、增强光刻胶对硅片表面的附着力，同时提高光刻胶在随后刻蚀等工艺过程中的抗蚀性。过多的烘烤和过少的烘烤都会影响曝光效果。本实验中，前烘采用日本 NDK-1K 热板进行操作，如图 4-11 所示。热板的温度上限为 350℃，但是不要总用到它的极限温度。软烘的温度和时间视具体光刻胶和工艺条件而定。通常在 85～120℃的温度范围内，时间为 30～60s。

配置	性能指标
温度均匀性	±2℃
最高加热温度	350℃
加热输出功率	670 W
加热板尺寸	170mm×170 mm
顶板材质	陶瓷

图 4-11　日本 NDK-1K 热板

3. 曝光

该工艺步骤的目的是使感光区的胶膜发生光化反应，以利于在显影时发生熔变。本书将采用 Lithography-50 型紫外光刻机进行曝光实验。如图 4-12 所示，开始进行如下操作。

(1)先按 POWER 键，设备上电。

(2)打开计算机主机及显示屏电源。

(3)打开 LED 照明光源电源。

(4)打开软件，进入登录界面。

(5)放上掩模版(将掩模版与四个定位钉靠紧)，按下 Mask 键，将掩模版吸附到掩模架上。

(6)拖出样品托盘，将样品放在承片台上，然后将托盘推回原位(与平台平齐即可)。

(7)接下来，按"上升"键(指示灯亮)，发动机带动样品台上升使样品自动调平。

(8)然后按"下调"键设定对准间隙进行对准。

(9)对准完毕后，按"上调"键消除间隙准备曝光。如果曝光过程中，不需要对准步骤，则直接对样品进行曝光。

(10)在 Exposure Time 中输入曝光时间(单位 s)，按 Start 键，开始按照设定曝光时间进行计时曝光。

(11)按 Stop 键停止曝光。曝光过程中，显示窗显示曝光状态的倒计时。

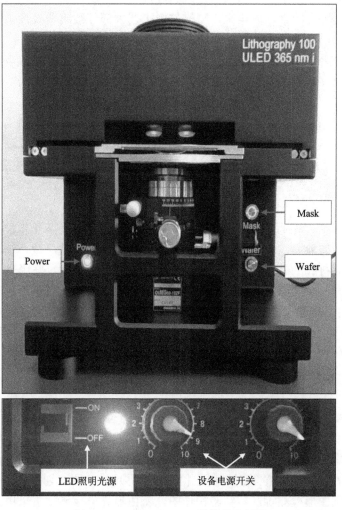

图 4-12　Lithography-50 型紫外光刻机

4. 后烘

曝光后烘烤可以减小驻波效应，激发化学增强光刻胶的 PAG 产生的物质与光刻胶上的保护基团发生反应，并移除基团，使之能溶解于显影液。本实验操作中，后烘也采用日本 NDK-1K 热板进行操作。对于 CA DUV 光刻胶，曝光后烘焙是必需的步骤，可以促进关键光刻胶的化学反应。对于基于 DNQ 的常规 I 线光刻胶，后烘的目的是提高光刻胶的黏附性并减小驻波效应。曝光后烘焙的温度均匀性是影响光刻胶质量的重要因素。过量的变化将影响光刻胶中的光酸催化反应。

5. 显影

显影液可以溶解掉光刻胶中软化的部分。在工业生产中，显影方法包括连续喷雾显影、旋覆浸没显影。其中，喷嘴喷雾模式和硅片旋转速度是实现光刻胶溶解率与均匀性的可重复性关键可变因素。近年来，喷雾显影工艺大部分被旋覆浸没工艺所替代，因为后者为以上因素提供了更大的工艺窗口。

本实验操作采用手动浸没显影，即根据光刻胶种类配制好显影溶液，并将其采用定制石英容器盛放，然后采用镊子等夹具夹持已经完成曝光的样品浸入溶液开始计时显影操作。

其中正胶曝光部分的光刻胶会被去除。正胶主要由长链聚合物构成，曝光导致长链断链，更容易在显影剂中溶解。而负胶曝光部分的光刻胶会被留下，曝光使得聚合物间产生交联，因此曝光过的光刻胶在显影剂中溶解得很慢，而未曝光的光刻胶溶解得很快。

6. 硬烘

硬烘又称坚膜。该工艺将完全蒸发掉光刻胶里的溶剂，提高光刻胶在离子注入或刻蚀中保护下表面的能力，进一步增强光刻胶与硅表面的黏附性，减小驻波效应。此处理提高了光刻胶对衬底的黏附性，并提高了光刻胶的抗刻蚀能力。坚膜也去除了剩余的显影液和水。过高的坚膜温度会造成光刻胶变软和流动，从而造成图形变形。本实验操作将采用 PR3075C 高温烘箱进行硬烘，如图 4-13 所示。通常坚膜温度正胶 120℃，负胶 150℃。该烘箱的上限温度为 200℃，每次使用时注意观察烘箱门上的封闭硅胶有没有烧焦的痕迹，箱体内部是否完好。使用烘箱及热板，人员不能离开。

7. 检测

检测主要是通过光学显微镜、CD 测量以及电子显微镜样片测量等手段检查出不合格硅片以进行及时返工处理。在整套光刻工艺中为了保证图形转移的精确度，将逐步对光刻的图形衬底进行检测，包括曝光过程中的重叠、错位、掩模方向错误、晶圆方向错误、x 方向错位、y 方向错位等对准问题检测，临界尺寸检测，划痕、针孔、瑕疵和污染物等表面不规则图形检测等。本实验操作中，将由辅导员指导学生采用光刻间黄光区内的显微镜对光刻步骤中的样品及结果进行观察。

图 4-13　PR3075C 高温烘箱

4.4.4　实验报告与数据测试分析

(1)写出光刻全工艺流程的实验操作步骤。

(2)采用显微镜观测曝光显影的光刻结果并分析讨论。

(3)完成思考题。

4.4.5　实验注意事项

1. 安全警示

(1)用户配备的电源插座,必须是符合国家标准具有保护接地功能的三孔插座,否则不能使用。使用仪器时,请检查所有的电缆是否正确、可靠连接。

(2)严禁带电拔插与仪器有关的任何插头、插座(包括计算机)。仪器使用后,关掉所有开关,切断所有电源。

(3)操作该机器要尽量避免眼睛对着曝光光源看,也要尽量避免手被曝光光源照射,否则会对身体造成一定危害。

(4)加热操作时,热板、烘箱等加热工具的温度较高,不可直接接触,避免烫伤。

(5)实验操作需要佩戴防护手套,避免与化学药品直接接触。

(6)光刻胶等实验药品会挥发刺激性气体,对人体产生危害,应佩戴口罩等防护用品进行实验操作,并且在通风橱中进行操作,避免吸入。

2. 重要提示

(1)全光刻工艺流程需在黄光区或非照明环境下进行操作,避免失误曝光。

(2)光刻仪器是集光、机、电一体,用于微细加工的精密设备,使用者应具有相应的专业技术知识。

(3)应当按照使用说明书要求使用，避免使用者操作不当或使用者人为造成的设备损坏。

(4)若操作过程中出现控制系统紊乱或死机，按下操作界面 RESET 键，几秒钟后系统重新复位后，再进行操作。

(5)未经生产厂家许可，任何第三方不可对设备进行变动、拆装，以免造成设备不能正常工作。

(6)LED 灯珠和显微镜照明 LED 会因使用消耗而损坏，应及时检查更换，以免出现其他事故。

(7)每次开机前要注意将"控制"键和"吸片"键抬起，开启电源后分别按下各键操作，以避免未启动时电机即转动。

(8)不同尺寸的片子选用不同尺寸的片托，厚度在 2mm 以下的片子选用带吸气槽的片托，厚度大于 2mm 的片子，选用特殊设计的片托。

(9)所甩样片的尺寸要大于片托有效尺寸 2~3mm。尤其要注意：如果用大片托甩小的样片就容易产生漏气，同时发生胶被吸入抽气室的情况，时间久了，片托就会被胶粘住而不易取下，造成不必要的维修。

(10)如果胶不慎被吸入了抽气室，要立即进行清洗，否则片托、光电盘、电机轴会粘在一起，造成电机转不动，拆卸也很困难。

4.4.6　教学方法及难点

1. 教学目的

(1)清楚光刻工艺在器件制造中的重要性，以及与光刻工艺相关的各种名词的理解。
(2)了解不同种类光致抗蚀剂(光刻胶)的特性，以及其是如何应用于器件制造中的。
(3)清楚光刻工艺全套工艺流程。
(4)能在工艺制造中选择适当的方法进行胶膜干燥处理。
(5)清楚曝光工艺的目的和要求，知道能使感光区的胶膜发生光化反应、在显影时发生溶变的方法。
(6)熟悉光刻机结构及光刻工艺参数的设定。
(7)了解光刻工艺实施的质量要求。

2. 教学方法

在教师的讲解下指导学生了解光刻工艺全套工艺流程。本实验可分别使用正胶和负胶，完成图形信息转移至硅片的光刻过程。图形信息转移至硅片后分别观察正胶和负胶的晶片并分析。

实验需要提前准备好光刻胶(正胶、负胶)、显影液、掩模版。指导学生提前考虑为避免光刻胶和显影液质量问题带来的影响，应该做出哪些调整，并分组进行参数设计与实验验证。然后介绍磁控溅射的实现过程及关注点。

最后采用 Lithography-50 型紫外光刻机进行以下步骤的操作演示。

1）正胶过程

（1）拆封硅片真空包装，取出表面干净光滑的硅片，置于匀胶机上，取适量正胶滴在晶片正中间，盖上旋涂机盖子，以 450r/s 前转（前转是为了让胶在硅片上均匀铺开），2000r/s 后转（后转是为了使胶厚度均匀）旋涂，取出硅片观察，原本银白色的硅片上覆盖一层褐色光刻胶。

（2）在烘干机上 110℃前烘 90s，蒸发光刻胶中的溶剂。

（3）把硅片浸入显影液中清洗，并用镊子晃动晶圆片使光刻胶充分与显影液反应，直至所期望部分的光刻胶被完全洗掉，采用去离子水清洗并用氮气吹干。

（4）放在烘干机上 110℃烘干 20min。此步是为了蒸发掉光刻胶里的溶剂，提高光刻胶在离子注入或刻蚀中保护下表面的能力，进一步增强光刻胶与硅表面的黏附性。

2）负胶过程

负胶大部分步骤与正胶相同。其中负胶的旋涂条件与正胶的相同，120℃前烘 10min，曝光 28s，110℃后烘 7min，显影，烘干。

3. 教学重点与难点

（1）了解不同种类光致抗蚀剂（光刻胶）的特性，及其是如何应用于器件制造中的。

（2）分步掌握光刻工艺全套工艺流程，及对各光刻工艺步骤的要求。

（3）光刻前准备工作的目的和要求，能采用适当方法对衬底片及掩模版表面进行处理。

（4）能在工艺制造中选择适当的方法，从而使胶膜中的溶剂全部挥发、胶膜保持干燥、利于光化反应时反应充分。

（5）知道曝光工艺的工艺设备，常见的有用紫外光刻机进行的接触式、选择性、紫外光曝光工艺方法。

（6）了解光刻工艺实施过程中有哪些光刻缺陷的形成及形成原因。

（7）掌握光刻工艺全套工艺流程及对各光刻工艺步骤的要求，学会通过显微镜观察分析光刻缺陷及形成原因。

4. 思考题

（1）典型的光刻工艺主要有哪几步？简述各步骤的作用。

（2）根据曝光方式的不同，光学光刻机可以分成几类？各有什么优缺点？

（3）在光刻工艺中，什么是数值孔径（NA）？好的分辨率和大的焦深为什么不能同时实现？

（4）如图 4-14 所示为光刻掩模版的示意图，其中黑色部分为不透明的铬，白色部分为透明的融熔石英。经干法刻蚀后需要在硅片上形成与掩模版图形相同的 L 形沟槽，那么下列光刻方案及描述正确的是（　　　）

图 4-14　光刻掩模版的示意图

A. 当选用正胶，曝光区域的光刻胶显影后留下。
B. 当选用正胶，曝光区域的光刻胶显影后去除。
C. 当选用负胶，曝光区域的光刻胶显影后留下。
D. 当选用负胶，曝光区域的光刻胶显影后去除。

第 5 章　微纳光刻技术及实验

5.1　微纳光刻技术引言

5.1.1　关键技术进展

微纳光刻与微纳米加工技术（Micro-nanolithography and Micro-nanofabrication Technologies）作为微电子技术工艺基础，是人类迄今为止所能达到的精度最高的加工技术。其所开展的科学技术研究包括计算机辅助图形设计（Computer Aided Design, CAD）、掩模制备、图形形成、图形转移等多个方面[2,6]。

除集成电路领域，微纳光刻与微纳米加工技术广泛应用于真空微电子学器件、微纳光学、微机电系统、光电子、微流体、生物芯片、微波器件、人工智能传感器等微细图形加工领域，对科学研究、信息、能源、公共安全、国防等领域的发展有重大影响[7,8]。

为满足芯片加工百纳米以下特征尺寸的需求，为进一步挖掘传统的光学光刻技术的潜力，人们从不放松掩模误差因素控制技术（Mask Error Factor，MEF）和光刻分辨率提高技术（Resolution Enhancement Technology，RET）的开发与研究。目前应用于生产的光学光刻技术的极限早已突破百纳米进入纳米加工时代[71-85]。台湾积体电路制造股份有限公司作为目前芯片工艺走在行业前列的厂商，7nm 和 5nm 技术节点工艺都已率先量产，在 2020 年第二季度已经开始用 5nm 工艺为相关客户代工芯片。

"一代设备，一代工艺，一代产品"是一个集成电路制造领域的普遍规律[2,6,7,18,19,71-85]。而集成电路制造设备中投资最大、最为关键的就是光刻设备。因此集成电路工艺中最为核心、成本最高昂的工艺就是微纳光刻工艺。以 22nm 节点集成电路为例，需要制造约 30 块光学掩模，每块集成电路晶圆要进行 60 多次光学光刻工艺，光刻成本占整个生产成本的 35%以上。研究微纳光刻设备与集成工艺之间的相互作用规律，将光刻设备与工艺看作有机整体，进行协同设计，寻求综合的优化解决方案，是当今微纳光刻技术发展的总体趋势。

5.1.2　中国微纳光刻与加工技术发展回顾

中国的微光刻（Micro-nanolithography）及微纳光刻技术（包括光掩模制造技术和光刻技术）同样伴随着平面工艺技术的诞生逐渐发展起来，从 1965 年我国自主成功地研制出硅平面晶体管开始算起，集成电路诞生和发展了六十余年。大体上可以按年代划分成如下几个阶段。

1. 20 世纪 50 年代

20 世纪 50 年代末，国际上研制出世界上第一只平面晶体管和第一块平面集成电路，这是半导体制造基本工艺技术和半导体材料研发的十年，中国半导体技术教育和科研处在起步阶段[2,6,7,18,19,71-85]。1956 年在周恩来主持制定的《1956-1967 年科学技术发展远景规划》中，提出了四项"紧急措施"，提出我国应该立即开展最先进的半导体科学技术的研究。北京大学接收了五校(北京大学、复旦大学、东北人民大学、厦门大学和南京大学)师生成立联合半导体专业，担当起共同培养国家急需的半导体专业人才的责任，并成立半导体研究室，并于中国科学院应用物理研究所成立半导体研究室，下设半导体材料与物理、半导体器件和半导体电子学三个研究组。通过全体科技人员的艰苦努力，于 1956 年 11 月研制成功中国第一只(锗合金结)晶体三极管。那时的中国制版、光刻技术还是空白。

2. 20 世纪 60 年代

20 世纪 60 年代是世界半导体制造从实验室走向工业化生产的十年[2,6,7,18,19,71-85]。1964 年和 1965 年，中国就先后成功地自主研制出硅平面晶体管和硅数字集成电路，仅比美国、日本晚了几年，而且势头不亚于同处于半导体发展初期的美国。在外部封锁条件下，我国半导体产业形成了自己的一套产业体系。此后中国曾组织了三次全国规模集成电路会战，以逻辑电路、数字电路为主，先后开发出了中国自己的 109、130、220、370 计算机系列，而且还自主开发出配套半导体制造的设备、仪器、原料，形成了一定的生产能力，为今后发展打下基础。最初，光掩模制造和光刻技术是沿用古老传统的照相术开展研究工作。当时版图绘制主要靠的是坐标纸、喷漆的铜版纸、钢板尺和手术刀等，感光材料也是采用改进的照相用的超微粒乳胶湿版工艺，光掩模的初缩版是利用照相馆的暗箱照相机拍照，精缩版是利用显微镜改造的缩小曝光装置制造的，光刻装置也完全靠人工对准、抽真空压紧曝光的方式实现。后来生产出的"劳动牌"接触式光刻机，硅片材料只有 1~2in、制版光刻精度和特征尺寸为白微米到几十微米。也就是说，我国当时的制版光刻技术处在以人工为主的萌芽时代。

3. 20 世纪 70 年代

20 世纪 70 年代是世界大规模集成电路制造设备开发的十年，我国也投入了大量的人力、物力。由中国科学院、高等院校、产业部门的光学和精密仪器有关的单位技术人员与从事半导体制造技术研究的科研人员相结合，自主地研制出一批光掩模制造和光学曝光设备。其中包括大型刻绘图机、大型导轨式初缩照相机、采用大型工具显微镜改造的图形发生器、单头和多头的超微粒干版 E 线精缩机和接触(近)式光刻机等。长期以来，我们的半导体设备引进受到来自西方的严格封锁、限制和遏制，尤其是巴黎统筹委员会(简称"巴统")禁运清单中，先进半导体制造设备一向列在首位。即使后来冷战结束、"巴统"取消后，西方仍对向我国半导体技术的出口实行严格限制和封锁，力图对我国保持 2~3 代的技术优势。但凡我国能够自主研制的产品和技术，进口产品立即解封，通过价格优势将中国半导体设备的制造业扼杀在襁褓之中。例如，20 世纪 70 年代，集成电路领域先进国家在集成电路关键设备方面对我国一直禁运，1981 年，我国功能比较完善的接触(近)式光刻机在国内通过鉴定，1982 年，美国即向我国出售接触(近)式光刻机；1984 年，我国研制出图形发生器，同年，美国 GCA 公司开始向中国出售 GCA3600 图形发生器和 GCA3696 分步重复精缩机；1985 年，相关部门及清华大学鉴定投影光刻机，同年，美国也放宽这类设备的禁运；1985 年 4 月，700 厂平板等离子刻蚀通过鉴定，1985 年下半年，美国等离子干法刻蚀解禁；1986 年，我国 64K 的 DRAM 研制成功，美国同年 10 月对华出口放松 3μm 技术；同样，由于相关部门及中国科学院研制成功了 256K DRAM，美国即放松超大规模集成电路和微米级微细加工技术的限制。因此，我们自主研制开发的光掩模制造和光学曝光设备，虽然后来由于种种原因没能形成产业，但也为解决科研的急需、跟踪国际先进技术、培养人才和打破封锁禁运做出了重要贡献。20 世纪 70 年代，我国在仍然没有比较先进的制版光刻设备的条件下，主要利用可剥离聚酯红膜的大型刻绘图机、大型照相机和可在超微粒干版上曝光的 E 线分步重复精缩机，研制成功 1K、4K、16K DRAM 大规模集成电路，硅片材料的尺寸为 2～3in、制版光刻精度为 1μm、特征尺寸为 10μm，我国也进入大规模集成电路(LSI)时代。

4. 20 世纪 80 年代

20 世纪 80 年代是世界上集成电路制造进入自动化大生产的十年。由于上述自主研制开发的制版、光刻设备打破禁运，我国引进了一批高精度光学制版设备，包括 GCA 3600F 图形发生器和 3696 分步重复精缩机，分辨率优于 1.25μm，以计算机辅助设计制版为主，中国的光掩模制造业形成了规模。1986 年，64K DRAM 研制成功标志着中国也进入超大规模集成电路(VLSI)和微米级微细加工技术时代。我国的科研人员利用这些光学曝光系统开始了移相掩模(PSM)技术和光学邻近效应校正(OPC)技术研究，为我们在分辨率为 1.25μm 的设备上进行亚微米及深亚微米结构的实验创造有利条件。

5. 20 世纪 90 年代

20 世纪 90 年代是世界集成电路特征尺寸推进到深亚微米的十年。20 世纪 90 年代，受到市场化冲击，我国的微纳光刻技术进展较为缓慢，但仍有一些重要进展。我国开展了亚微米集成电路和亚微米加工技术的研究。在该阶段引进了一批以 ASM 2500 和 ASM 5000 为代表的投影光刻机和以日本东芝及 JEOL JBX 6AII 为代表的电子束曝光制版系统，极限曝光特征尺寸约 0.5μm，图形邻接精度优于 0.1μm，我国也逐渐进入以电子束曝光和投影光刻技术为主的高精度制版光刻年代。20 世纪末，为适应我国微电子领域及其他微纳米加工领域的科研开发已经迈进深亚微米及纳米级的需求，我国的科研人员也进一步开展了光学分辨率增强技术和光致抗蚀剂化学增幅技术等新技术研究，结合 I 线投影光刻机与 JEOL JBX 5000LS 电子束直写光刻系统匹配和混合光刻技术，我国的加工推进到深亚微米、几十纳米乃至纳米级。

6. 2000 年后

2002 年，在"863"计划支持下，上海微电子装备(集团)股份有限公司成立，致力于大规模工业生产的投影光刻机研发和生产。2003 年 12 月，中国科学院微电子研究所得到美国应用材料公司捐赠的 ETEC MEBES 4700S 曝光系统。随后，中国电子科技集团公司第四十七研究所和无锡华润华晶微电子股份有限公司也相继引进了 MEBES 4500 系列的电子束曝光设备，我国在光掩模制造设备上达到了世界先进水平。2008 年，极大规模集成电路制造技术及成套工艺重大专项开始实施，标志着我国微纳光刻与微纳米加工技术研究进入一个全新的阶段。我国正在开展 193nm 光源技术、光刻技术和等离子刻蚀技术的设备研制、开发工作，并开展 90nm、65nm 技术节点，甚至亚 50nm 和亚 30nm 集成电路基础工艺技术研究，同时也不放松下一代光刻技术的研究与开发，以及纳米制造加工技术的探索。

5.1.3　面临的挑战与关键问题[2, 6, 7, 18, 19, 71-85]

1. 关键尺度

人类探索太空最长的尺度哈勃半径为 $10^{26} \sim 10^{27}$m，而人类定义的最短距离单位是普朗克量子长度 10^{-35}m。人类广阔的物理学研究对象从天体物理、地球物理、经典物理、介观物理、原子/分子物理到高能粒子物理，从宏观的太空探索到微观世界的研究领域，空间尺度跨越达 60 多个长度尺寸的数量级(图 5-1)。而人类活动制造领域的微观尺寸，例如，我们从事的固体物理和半导体物理的研究及微电子技术不过几个数量级尺度。50 多年来微光刻技术把微细加工尺寸从微米级推进到纳米级，使得微光刻技术走向了微纳光刻技术，该尺度与人类从宇宙太空到原子世界的整个研究探索领域相比，仅仅是微小的一段。然而，看似微小的微纳光刻技术一次次突破分辨率极限，使得微电子科学推进着人类社会走入信息时代，创造了信息处理技术几何级数增长的发展奇迹。

光学光刻技术能够一次次突破分辨率极限，得益于光学曝光分辨率增强技术等光的波前工程。光刻技术和相关集成电路工艺与装备的不断进步，使得集成电路制造技术的工艺极限不断被打破，摩尔定律继续发挥作用，已经达到亚 10nm 水平，并向 3nm 以下继续发展。研究表明，占据 IC 主流的 CMOS 器件至少可以达到 7nm 以下特征尺寸，CMOS 工艺仍然有着非常广阔的发展前景。

2. 技术发展路线

为协调世界各大公司和研究机构 IC 工艺研究与设备研制的进展，满足 IC 工艺技术水平发展的需要，美国半导体行业协会(SIA)从 1992 年开始研究并发布半导体技术发展路线(Road MAP)，揭示 IC 工艺技术今后的发展趋势和技术路线。由于美国在世界微电子业的领导地位，这一发展路线对于微电子装备的技术发展趋势具有重要的参考价值。

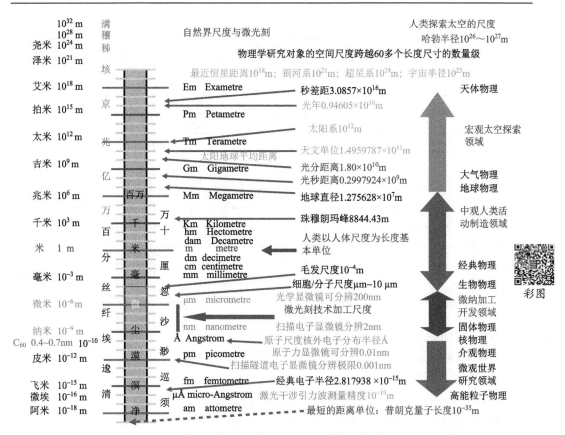

图 5-1　自然界尺度与微纳光刻[6, 78]

表 5-1 列出了 2001～2019 年美国半导体行业协会和国际半导体产业协会一起在 ITRS(International Technology Roadmap for Semiconductors)国际会议中发布了世界光刻工艺技术发展蓝图。其中主要包括：对相应工艺节点应用的光刻曝光手段(Lithography Exposure Tool Potential Solutions)；16nm 工艺节点前面临的光刻技术难点(Lithography Diffigult Challenges)；各工艺节点对光刻工艺技术的要求(Lithography Technology Requirements)；各工艺节点对抗蚀剂工艺技术的要求(Resist Requirements)；各曝光光源对抗蚀剂灵敏度的要求(Resist Sensitivities)；各工艺节点对光学光刻/极紫外光刻/电子束投影光刻掩模的要求(Optical/EUVL/EPL Mask Requirements)。

表 5-1　SIA 和 ITRS 公布的世界光刻工艺技术发展蓝图[6,79]　　　　　（单位：μm）

版本	SIA 94 版	SIA 97 版	SIA 99 版	ITRS 2001 版	ITRS 2003 版	ITRS 2005 版
2001	0.18	0.15		0.13		
2002			0.13			
2003		0.13		0.10		
2004	0.13			0.090	0.090	
2005			0.10			
2006		0.10		0.070		

续表

版本	SIA 94 版	SIA 97 版	SIA 99 版	ITRS 2001 版	ITRS 2003 版	ITRS 2005 版
2007	0.10			0.065	0.065	0.065
2008			0.07			
2009		0.07				
2010	0.07			0.045	0.045	0.045
2011			0.05			
2012		0.05				
2013				0.032	0.032	0.032
2014						
2015						
2016				0.022	0.022	0.022
2017						
2018						
2019					0.016	0.016

其中，16nm 工艺节点前面临的光刻技术难点如下。

(1)带分辨率增强功能和后光学曝光掩模的制造技术问题。

(2)光刻工艺过程的控制问题。

(3)193nm 光源用的抗蚀剂和浸没透镜用的光学抗蚀剂的问题。

(4)由浸没光学环境导致的缺陷控制技术的问题。

值得注意的是，几乎每两年调整一次的发展蓝图反映出集成电路工艺技术的实际发展在加速和提前。例如，1980 年左右曾经预言光刻线宽不能小于 1μm；1989 年曾经有预言，到 1997 年光刻技术将走到尽头；1994 年也曾经有比较乐观的长期预测，2007 年线宽达到 0.1μm(保守的预计为 0.5μm)，这些预测都被光刻技术的进步步伐远远抛在后头。事实上，摩尔定律并不是一个物理定律，而是一种预言和一张时间表，它鞭策着集成电路产业界的进步并指引着其努力方向。因此，摩尔定律可以看成是一种产业自我激励的机制，让人无法抗拒地努力追赶，因为跟不上就可能被残酷地淘汰。摩尔定律已成为一盏照亮全球集成电路产业前进方向的明灯，并且随着时间表不断地往前提，所有企业奔着这个时间表追赶。

步进式曝光机技术已经完全成熟，而且随着光学分辨率增强技术(RET 如 PSM、OPC 等)的使用，不断向更高分辨率延伸：0.25~0.13μm 生产线采用的主要是 248nm 氟化氪(KrF)准分子激光器步进(扫描)式曝光机；采用 193nm 氟化氩(ArF)准分子激光器步进式曝光机，结合 RET 成为 90nm 工艺的主流光刻设备；大多数制造商仍然准备使用数值孔径为 0.85 或 0.93 的光学系统干法光刻生产半间距为 65nm 的器件；随着浸没透镜(Immersion)光刻技术的突破，使用折射率为 1.44 的水作为浸没光刻技术的浸没液体，使光学系统的数值孔径提高到 1.2，基于光刻可制造性的版图设计规则(Lithography Friendly Design Rules, LFD)等技术，可以将 193nm 的浸没光刻技术(193i)推进到 45nm 的技术节点。ITRS 2006 修正版将双重图形曝光技术列为进一步提升 193nm 浸没光刻技术分辨率的解决方案，将 193i 进一步推进到 32nm 的技术节点。光刻技术中，光学光刻技术已经为 45nm 的技术节点生产打好基础。

3. 光学光刻技术进一步延伸

提高光刻分辨率这个关键指标有三种途径。

(1) 缩短曝光光源波长，这需要进行新原理设备的换代，价格高昂。

(2) 改善工艺因子 K1，其代价是缩小了制造工艺窗口，同时还需要改变集成电路版图的设计规则、改善光刻胶的工艺和分辨率增强技术，但仍难以满足 45nm 节点生产的需求。

(3) 需要改善光学系统数值孔径。

要继续提高光学透镜的数值孔径，需要设计更大口径、更复杂的镜头，具有非常高的研发成本。因此光刻专家根据高倍油浸显微镜提高分辨率的原理，设法在曝光镜头的最后一个镜片与硅片之间增加高折射率介质，加大光线的折射程度，等效地加大镜头口径尺寸与数值孔径，同时可以显著提高焦深(DOF)和曝光工艺的宽容度(EL)，以此达到提高分辨率的目的。

如何进一步延伸光学光刻技术的使用寿命，需要突破两个浸没光刻技术瓶颈。

(1) 高折射率浸没液。

其中把 193i 技术进一步推进到 45nm 的技术节点，一个技术瓶颈是水的折射率 1.44 仍然无法满足应用需求。正在开发的采用折射率为 1.54 的磷酸作为浸没液体的浸没光刻技术，数值孔径可以提高到 1.5，实验中已得到 32nm 的线条和间隔，人们正在继续研究开发折射率达到 1.65 的高折射率浸没液体。

(2) 高折射率光学透镜。

另外一个技术瓶颈是目前以熔融石英为材料的光学透镜，折射率约为 1.56，仍然无法满足应用需求，需要进一步开发用于浸没光刻技术的高折射率光学透镜材料，例如：

① 蓝宝石折射率达到 1.92；

② 折射率高达 2.1 的镥铝石榴石(Lutetium Aluminum Garnet, LuAG)和 $Al_5Lu_3O_{12}$。

高折射率光学透镜和高折射率浸没液体的应用可推动浸没光刻技术跨越 32nm。集成电路产业始终的目标是尽可能依靠光学光刻延伸技术向前走得更远，在必须采用新的生产技术之前，为产业节约高昂的新一代设备投资。同时，浸没光刻技术也有自身的水迹、气泡、污染等缺陷困扰，这促使一些光刻专家进一步寻找其他替代技术。其中两次间隙嵌套曝光技术[双重图形(Double Patterning)或双重显影(Double Processing)]的应用受人瞩目。即把原来一次光刻用的掩模图形交替式地分成两块掩模，每块掩模上图形的分辨率减少一半，减少了曝光设备分辨率的压力，同时还可以利用第二块掩模版对第一次曝光的图形进行修整。两次曝光有效地拓展了现有光刻曝光设备的技术延伸，不必等待更高的分辨率和更高数值孔径系统的出现，就可以投入产品的生产。但是两次曝光技术也有问题，如对套刻精度要求更苛刻和生产效率降低的问题。

此外，由于更短的激光(如 157nm 光源)光学透镜透射材料(氟化钙)将遇到更大的困难，传统光学光刻将在不久的将来到达其技术终点，因此 7nm 节点以后，人们将目光投向长期以来发展滞后的后光学时代的下一代光刻技术(NGL)。国际各大公司也仍然纷纷投入巨资研发下一代光刻机，例如：

　　(1)电子束投影光刻机(EPL)。

　　(2)极紫外光刻机(EUVL)。

　　(3)无掩模光刻技术(ML2)。

　　(4)接近式电子光刻技术(PEL-Proximity Electron Lithography)。

　　(5)电子束直写技术。

　　这些光刻技术从 32nm 切入，一直可以延伸至 22nm 及更高分辨率。除了要综合采用上面几项技术外，还有可能采用其他创新的光刻技术(Innovative Technology)。

　　作为无掩模光刻的电子束曝光虽然具有很高的灵活性和极高的分辨率，但致命的缺点是曝光效率不能满足生产的需求。为突破生产速度的限制，可以采用电子束直写系统与光学系统实现匹配与混合光刻。这种方法可以兼顾电子束曝光的高分辨率和光学曝光的高生产效率，能否成为 7nm 节点以后的最好解决方案，主要决定于是否能够开发出直写速度能够满足批量生产要求的电子束曝光系统。

　　极紫外光刻方面，其曝光光源的波长为 13.5nm，在远小于特征图形尺寸情况下，可以减少或完全取消复杂的分辨率增强技术。极紫外光科技树的光刻机光源波长几乎逼近物理学、材料学以及精密制造的极限，在推进最小工艺节点的过程中面临着种种困难[73]。极紫外光刻技术最大的挑战之一，是需要没有缺陷的多层结构反射掩模。例如，对于 32nm 节点来说，不允许存在超过 25nm 的缺陷，能够分辨出 25nm 以下缺陷的图形检测系统、相应的缺陷修补和清洗技术、紫外光系统寿命以及产生极紫外光的等离子源破坏作用(辐射和碎屑)均是该技术带需要应对的重大挑战。

　　研究者自 2010 年开始用了近 10 年时间开展极紫外光刻技术的研发，达成了包括 13nm 波长大功率激光光源、纳米尺度反射层的反射透镜和反射掩模版、能够抵抗 EUV 破坏的掩模版及基片保护膜、EUV 光刻胶及 11 个 9(即 99.999999999%)的极高纯度硅基片材料的技术突破。2019 年，荷兰阿斯麦尔公司(ASML)推出了用于 7 nm 工艺的 EUV 光刻机，该设备共 10 万余零部件，90%关键零部件来自世界各国，源自全球上、下游产业链 5000 多个供应商的材料、设备、零部件和工具的技术支撑。由于部分西方国家在可预见的未来一段时间内，仍会对我国半导体技术实行严格限制，因此我国要想在半导体技术研究方面与国际先进技术同步进行，可能得采用研究设备低于国外同期设备条件的研究方案来开展研究工作。这需要着重开展光学分辨率增强技术、电子束直写技术应用及其他创新光刻技术和微/纳米加工技术的研究。同时我们还应加强我国自主开发半导体专用设备的研究，以打破技术垄断。

　　对于任何微纳光刻与微纳米加工技术，一个关键挑战是以尽可能低的成本实现高分辨率图形生成与转移的预期应用。另外，由于集成电路制造中的微纳光刻与微纳米加工技术严重依赖于芯片制造专用设备，而这些设备技术涉及面广，很多设备都集光、机、电、自动化、先进材料、计算机、物理、化学等学科和技术于一体。而且，每一领域都涉及了最尖端的技术，研发耗资巨大，成本昂贵，世界上拥有这些设备并研发相关工艺技术的厂商不多。绝大多数大学、科研机构均无力对主流集成电路工艺技术进行研发。而物理、化学、生物、光电等领域科学研究和多种类型的小批量电路与器件生产同样对更高分辨率的微纳光刻及微纳米加工技术提出迫切需求，为此，需要发展新原理、新概念、低成本的微纳光刻与微纳米加工技术。

5.2　微图形设计与掩模制造技术原理

5.2.1　图形设计与数据处理技术[86-94]

1. 图形设计工具系统

集成电路制造技术的最开始两道门槛就是集成电路的电路设计技术和光掩模制造技术。其中设计技术经历了以下发展。

1) 第一代 EDA 设计工具

从 20 世纪 70 年代开始，人们为适应中小规模集成电路研制开发的需要，开发出第一代 EDA 设计工具，即用于集成电路版图设计的计算机辅助设计软件。这时主要采用小型计算机，软件多具有人机交互式的二维平面图形设计、图形编辑及设计规则检查等功能。

2) 第二代 EDA 设计工具

20 世纪 80 年代开发了以计算机仿真和自动布线为核心技术的第二代 EDA 设计工具，同时开发了计算机辅助制造(Computer Aided Manufacturing, CAM)、计算机辅助测试(Computer Aided Test, CAT)和计算机辅助工程技术等软件和相应的计算机辅助制造设备。此时超大型集成电路设计必须借助计算机辅助设计软件，并遵守各项工艺流程、电学参数及设计规则。大部分集成电路设计采用工作站来实现，软件通常可以从电路原理图输入开始、调用标准元件逻辑电路图库生成电路图并具有逻辑综合和模拟、验证功能与自动布局布线功能。

3) 第三代 EDA 设计工具

进入 20 世纪 90 年代后，出现了以高级语言描述的系统级仿真、综合及高度自动化技术为特征的第三代 EDA 工具，从而设计技术由计算机辅助设计逐渐进入自动设计时代。而且伴随着微型计算机(PC)的飞速发展，出现了新一代可运行于微机操作平台的 EDA 设计工具。其中有代表性的是 Tanner Research 公司开发的一种集成电路设计工具 (Tanner IC Design Tools 软件)，该工具可用于个人计算机，具有强大的集成电路设计、模拟验证、版图编辑和自动布局布线等功能，而且图形处理速度快、编辑功能强、通俗易学、使用方便。以具有代表性的 Tanner EDA Tools 版本为例，整个设计工具大体上可以归纳为两大部分，即以 S-Edit 为核心的集成电路设计、模拟、验证模块和以 L-Edit 为核心的集成电路版图编辑与自动布图布线模块。

4) 基于 Java 的图形编辑系统

基于面向对象编程语言 Java 的图形编辑系统可通过键盘和鼠标绘制矢量图形的平台实现基本图形的绘制、移动、删除、着色、填充、保存、图形之间的关联线绘制，且关联线随图形的移动而自动变化，从而可以高效、准确、无失真地绘制出各种图形。以 Stella Vision for Java 软件为例，它具有强大的绘图、查图、改图和编辑功能，除常规图形编辑功能外，还有如下特色的功能。

(1) 平行线条组的批处理功能，如线条组之间自动连线，线条组整体拖动、弯曲、延伸、平滑和切割等功能。

(2) 实体多边形、带宽度的线条组成的多边框、纯线条组成的多边框之间的转换、检测、补偿、分类和封闭性错误的修改等功能。

(3) 图形的剪裁和拼接功能。

(4) 顶点、角点和交叉点的处理。

(5) 光学邻近效应图形几何修正和模拟功能。

2. 微光刻图形设计及数据格式转换体系

微细加工技术需要曝光的图形种类繁多，原来集成电路版图设计和数据处理中以矩形和线条为主的图形数据处理技术已远不能满足技术要求。需建立可制作多种形状图形、可接受多种格式数据文件的并能转换成曝光系统专用图形描绘格式的数据处理及转换体系。微光刻图形设计及数据格式转换体系 (The Micro-lithography Pattern Data Format Translation System) 主要模块如图 5-2 所示。

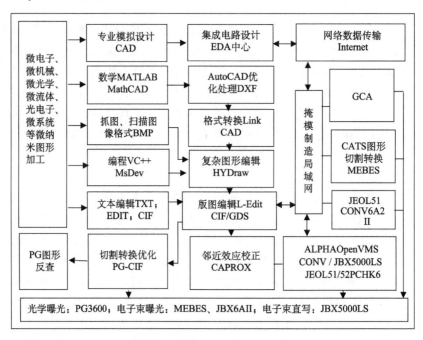

图 5-2　微光刻图形设计及数据格式转换体系图[6, 78]

该系统包含以下系列子系统。

(1) 集成电路计算机辅助设计系统 (IC CAD System)。

(2) AutoCAD 图形计算机辅助设计系统 (AutoCAD System)。

(3) 集成电路版图编辑系统 (Layout Editor)。

(4) 电子束邻近效应校正系统 (Electron beam Proximity Correction System，EPC System)。

(5)掩模图形数据处理技术(Layout Operation)。

(6)复杂图形绘制系统(Graphics System for Complex Pattern)。

(7)图形数据格式转换系统(Pattern data format translation System)。

(8)光学掩模曝光和电子束曝光系统图形数据切割系统及图形显示检查系统(Pattern Data Fracturing-conversion & Inspection System for Optical/E-beam)。

5.2.2　分辨率增强技术

1. 光学分辨率增强原理

在集成电路制造和其他微图形制造中，目前仍主要采用以光学光刻技术为主体的工艺技术体系[95-107]。随着加工精度的不断提高，这些技术不断地发展。除了提高投影镜头的数值孔径(NA)和改进光致抗蚀剂的性能，以满足分辨率提高的要求外，主要在更短波长的准分子激光曝光技术的开发和光的波前工程的应用相结合上不断有突破性的进展，使光学系统的分辨能力小于光源波长的亚波长及半波长的分辨能力。

亚波长光刻技术是光学曝光技术在 100nm 及以下技术节点所面临的共同难点，在进一步提高分辨率的同时还必须保持一定的工艺宽容度。自 20 世纪 90 年代初以来，一系列提高光刻分辨率的分辨率增强技术被开发出来，这些技术可分为以下两大类。

(1)对光学系统进行改进：从传统的曝光光源的波长发展到深紫外(DUV))以至 VUV 的 F_2(157nm)和 Ar_2(126nm)外，还包括离轴照明技术、空间滤波技术和浸没透镜曝光技术等。

(2)对掩模版技术进行改进：包括移相掩模技术(PSM)、光学邻近效应校正技术(OPC)等先进掩模制造技术。这些技术统称为"波前工程"，它使得现代光学曝光分辨率达到亚波长，逼近半波长，到 20 世纪 80 年代，分辨率极限推进到亚 50nm。

当然分辨率不可能无限制延伸，光学光刻技术的主导地位能延续到什么时候，最终还取决于这些后续的光刻技术应用于工业生产的成本(包括光刻设备的成本、增强光刻掩模技术的成本)和应用于相应波长光致抗蚀剂性能等能否有进一步的突破。

准分子激光光源的应用和移相掩模的突破，使光学曝光技术的分辨能力不断地超越光学理论分辨率极限，达到亚波长以致达到纳米级半波长的加工分辨能力。其中，以波前工程为代表的分辨率增强技术起到重要的作用，包括如下技术。

(1)移相掩模(Phase-Shifting Masks, PSM)技术。

(2)光学邻近效应校正(Optical Proximity Correction, OPC)技术。

(3)离轴照明(Off-Axis Illumination, OAI)技术。

(4)光瞳空间滤波(Pupil Spatial Filtering, PF)技术。

(5)驻波效应校正(Standing Wave Correction, SWC)技术。

(6)调焦宽容度增强曝光(Focus Latitude Enhancement Exposure, FLEX)技术。

(7)表面成像(Top-Surface Imaging, TSI)技术。

(8)多层胶结构工艺(Multi-Level Resist Processing, MLRP)技术。

随着图形特征尺寸进一步缩小、集成度的进一步提高，集成电路进入纳米系统芯片(System on a Chip, SOC)阶段，摩尔定律依靠器件尺寸缩小得以延续的方式面临众多挑战。为解决纳米 SOC 中影响性能和良品率的关键问题，目前世界上各重要的集成电路设计公司和集成电路生产的厂家都积极联合开展可制造性设计(Design For Manufacturability, DFM)技术的研究，与光刻性能相关的分辨率增强技术(RET)是推动DFM发展的第一波浪潮，下一代的DFM更注重良品率的受限分析及设计规则的综合优化。

2. 移相掩模技术

移相掩模技术是光学光刻分辨率增强技术中的关键技术之一[95-107]。移相掩模的基本原理是在高集成度的光掩模中所有相邻的透明区，相间地增加(或减薄)一层透明介质(称移相器)，使透过这些移相器层的光的相位与相邻透明区透过的相位差 180°，通过控制光学曝光过程中的光位相参数，产生光的干涉效应，部分地抵消了限制光学系统分辨率的衍射扩展效应，从而改变了空间光强分布，以提高光学曝光系统实用分辨率。

随着移相掩模技术的发展，该技术涌现出众多的种类，大体上包括以下几类，如图 5-3 所示。

(1) 交替型移相掩模(Levenson Alternating Phase Shift Mask, LAPSM/Alternating PSM/Levenson PSM/AltPSM)技术。

(2) 衰减式移相掩模(Attenuated Phase Shift Mask, APSM)技术。

(3) 边缘增强型移相掩模(SubResolution Rim Phase Shift Mask, SR Rim PSM)技术。

(4) 全透明移相掩模(All-Transparent Chrome-Less Phase Shift Mask, All-Transparent PSM/Chrome-Less PSM)技术。

(5) 自对准移相掩模(Self-Alignment Phase Shift Mask, Self-Alignment PSM)技术。

(6) 复合移相方式(交替式移相+全透明移相+衰减式移相+二元铬掩模)。

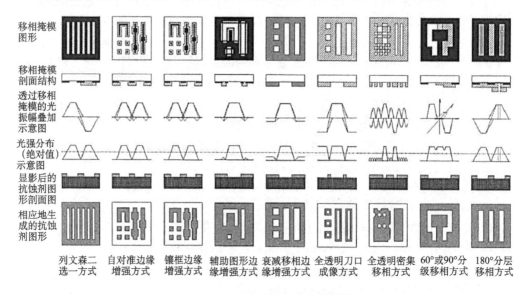

图 5-3　移相掩模分类示意图[6, 78]

3. 光学邻近效应校正掩模制造技术

投影式光学曝光原理可简单描述为，出射光透过掩模后发生衍射，再经过透镜系统在光刻胶表面成像，所以其本质上是衍射限制光学[95-107]。光学衍射效应造成了图形转移的非线性和失真，如线宽变化、线端缩短、拐角变圆等畸变，这就是光学邻近效应。通过有意改变掩模设计的形状和尺寸来补偿由衍射效应造成的图形局部曝光过强或过弱的问题，以获得想要的光刻图形形状，这种方法称为光学邻近效应校正(OPC)。

光学邻近效应校正(OPC)技术是提高光学光刻分辨率、延长光学光刻设备寿命的重要方法。OPC 很早就被用于工业生产中(1970 年开始)，当时缺少光刻模拟软件和 EDA 工具，所以早期主要采用人工添加辅助图形的方式。

光学邻近效应主要是根据光的衍射效应造成的像场光强分布偏差，以及抗蚀剂显影工艺和刻蚀工艺中的溶剂或气氛疲劳效应引起的光刻图形畸变与不可分辨现象。光掩模邻近效应校正技术主要是根据成像系统光波场分布的偏差和工艺不均匀性的规律。在光掩模图形设计时，采用增减亚分辨率图形使掩模图形产生预畸变的几何修正方法，试图使成像后的图形边界满足设计的要求。通常采用线端延长、线宽增减、外角添加或切除亚分辨率图形的方法改善成像图形的质量。

目前 OPC 的方法一般而言可分为两类，如图 5-4 所示。

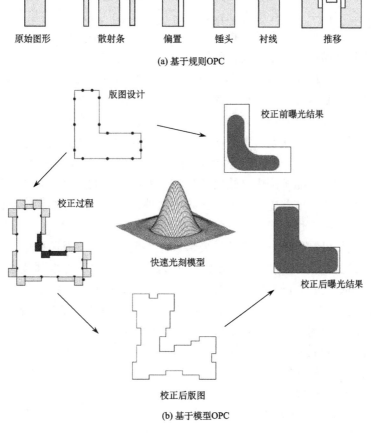

图 5-4 光学邻近效应校正技术示意图

基于规则(Rule-based)：需通过曝光模拟和实验结果预先建立一整套完整的规则图表，OPC 软件可以根据这套规则，用查表的方式自动对掩模图形进行修改。

基于模型(Model-based)：通过模拟曝光技术，在图形边缘分割出相应的关键单元，计算出这些关键单元在模拟曝光后的位置误差来确定单元线段变化的方位和尺度，其核心是快速光强计算模型的建立，必须在保证精度的同时兼顾运算的速度。

4. 可制造性设计技术研究

如果说20世纪是集成电路(IC)的时代,则可以说21世纪是集成系统(IS)或纳米SOC的时代[95-107]。从 130nm 节点开始，集成电路设计复杂度与深亚微米制造的冲突就已表现出来，摩尔定律的等比例缩小原则在更小尺度下的推进困难重重。纳米级 SOC 的漏电流、功耗、散热、信号完整性(SI)以及工艺可变性对芯片性能和良品率的影响日益突出，甚至会导致多次的重新设计(Respin)和严重的良品率损失。除了亚波长光刻和刻蚀造成图形转移困难外，超薄栅介质、超浅结、低阻互连等工艺也都逼近了其技术的极限；制造成本迅速攀升、良品率急剧下降、测试成本的指数增加或根本无法测试等难题都摆在IC 设计和制造者的面前。这些问题催生出了 DFM 技术。

DFM 可理解为，以快速提升芯片良品率及降低生产成本为目的，统一描述芯片设计中的规则、工具和方法，从而更好地控制从设计电路到物理芯片制造的整个过程。这是一种可预测制造过程中工艺可变性的设计，使得从设计到芯片制造的整个过程达最优化。采用 DFM 技术将使设计者有能力根据全芯片数据做出费用和良品率的分析，并在产品的尺寸、性能和良品率之间做出最佳的权衡。

在纳米 SOC 阶段，制造中影响性能和良品率的因素尤需要在设计阶段进行考虑，这就要求设计者具备制造意识，而相应的 EDA 工具也需要增加更多可制造性与良品率评估的功能。首当其冲的可制造性问题就是与光刻工艺中曝光和刻蚀相关的将掩模版的版图有效地转移到芯片上的问题。这取决于系统的、与图形有关的良品率损失，又被称作"特征尺寸限制"的良品率损失，它直接归咎于掩模版的版图布局的设计。在 90nm 节点时，特征尺寸限制的良品率损失是缺陷所导致良品率损失的三倍，必须在考虑由其他参数引起的良品率问题之前首先给予解决。除此之外，对性能和良品率威胁比较大的还有漏电流及功耗问题，这也将成为 DFM 的研究重点。

光刻模型也是可制造性分析中的重要部分。光刻工艺的研发需要依靠模拟软件进行工艺优化(包括光刻胶、掩模版及曝光光源的选择)，选择分辨率增强技术并进行优化，以及分析相关的数据并对已有模型进行校准等工作。光刻模型主要包括光刻胶模型、OPC模型以及成像模型等。随着光刻设备的升级换代、RET 的广泛应用，精确的模型需要充实，如超高数值孔径的浸没式光刻中的光学极化效应等。

而目前较为重要的 DFM 方向如下。

(1)亚波长光刻下 RET 的应用和验证。

(2)CMP 区域填充规则设计。

(3)叠层通孔最小区域规则设计。

(4)天线效应规则设计。

这些方向的核心问题是以特定图形模式为中心的良品率问题。其中，亚波长光刻是可制造性问题最主要的根源。因此，DFM 还应包括参数良品率、系统良品率和随机良品率的设计，以及可靠性、测试和诊断的设计。而相关 EDA 算法工具的开发应用是解决问题的关键所在。在 45nm 以下节点，DFM 的内涵将更为丰富，具有"良品率意识"的集成电路实现流程将成为必需的，也就是能够在设计流程的不同阶段提供良品率分析和优化策略，并且最终可实现完整的统计时序分析。

上述可制造性设计技术实际上就是计算光刻(Computational Lithography，CL)技术。计算光刻技术是指采用计算机建模技术，建立光刻模型(包括光刻成像模型、抗蚀剂显影过程模型、成像系统传递函数、数字照明系统模型等)及工艺偏差因素(包括焦面偏差、曝光剂量偏差、显影条件偏差)，通过计算推演光刻过程中的图形失真修正技术的总称。

计算光刻技术包括以下一系列技术。

(1)光学邻近效应校正(Optical Proximity Correction，OPC)技术。

(2)亚分辨率辅助图形(Sub-Resolution Assistant Feature，SRAF)技术。

(3)光源-掩模交互优化(Source-Mask Optimization,SMO)技术。

(4)反向光刻技术(Inverse Lithography Technology，ILT)。

其目的是提高现有的光学光刻系统的分辨率、提高曝光成像的准确性、加大成像系统的焦深、增大工艺窗口。计算光刻是进一步突破光学衍射极限以实现超高光刻分辨率的最有效的手段之一。

5.2.3 电子束曝光技术

电子束曝光技术(Electron-Beam Lithography Technology)实际上是一种传统的曝光技术，由于它的束斑尺寸可以从微米级至纳米级，适用范围广，是实验室条件下进行亚微米至纳米级光刻技术研究开发的理想工具[108-119]。20 世纪 60 年代初，随着半导体平面工艺的发展，人们开始用扫描电子显微镜进行微细图形曝光的尝试。1964 年，剑桥大学的 A.N.Broers 在第六届国际"三束"会议上发表了用电子束曝光出 1μm 图形的微细加工技术，随后剑桥大学研制成功了点扫描电子束装置。到了 20 世纪 70 年代，法国汤姆逊公司研制了配备有激光干涉仪定位的电子束曝光装置，定位精度达 0.1μm、最细线宽 0.3μm，这是世界上第一台技术比较完善的电子束扫描曝光设备。

电子束光刻系统从功能上大体分为以下几种。

(1)快速掩模制造电子束曝光(Quick Mask Manufacturing Electron Beam Lithography)。

(2)高精度纳米电子束光刻(High Precision Nanometer Electron Beam Lithography)。

从电子束斑形状上大体分为以下几种。

(1)高斯束电子束光刻(Gaussian Beam of Electron Beam Lithography)。

(2)圆形束电子束光刻(Circular Beam of Electron Beam Lithography)。

(3)成形束电子束光刻(Shaped Beam of Electron Beam Lithography)，包括可变矩形束电子束曝光系统。

电子束光刻系统从成像方式上大体分为以下几种。

(1)光栅扫描(Raster Scanning)式。

(2)矢量扫描(Vector Scanning)式。

(3)光阑成像(Shaped Beam)拼接式。

电子束光刻系统从扫描方式上大体分为以下几种。

(1)圆形束光栅扫描电子束曝光系统。

(2)可变矩形束电子束拼接曝光系统。

(3)高斯束矢量扫描曝光方式的电子束光刻系统。

图 5-5 为具有代表性的三种电子束曝光系统,分别是 JBX 6AII 可变矩形束电子束曝光系统、JBX 5000LS/6300FS 纳米级束斑高斯束矢量扫描电子束直写系统和 MEBES 4700S 光栅扫描电子束曝光系统。目前国际上制造高精度掩模主要采用电子束曝光系统和激光扫描图形发生器,应用于光掩模制造的电子束曝光系统通常采用曝光效率比较高的光栅扫描电子束曝光系统和可变矩形束电子束曝光系统。

图 5-5　具有代表性的三种电子束曝光系统及相关配套装备系统

目前国际上制造高精度掩模主要采用电子束曝光系统和激光扫描图形发生器,应用于光掩模制造的电子束曝光系统通常采用曝光效率比较高的光栅扫描电子束曝光系统和可变矩形束电子束曝光系统。JBX 6AII(后来逐渐升级为 JBX 7000、JBX 9000 和 JBX 3040 等型号)就是一种比较典型的可变矩形束电子束曝光系统,由于该系统可变矩形束曝光的束斑比较大,所以光掩模制造的速度比较快。

光栅扫描曝光方式和矢量扫描曝光方式一样都是依靠高存储图形发生器加电磁场扫描偏转控制系统实现图形在衬底上的直写,所以比光学图形发生器更适合产生复杂的图形。与矢量扫描曝光方式相比,光栅扫描能够保证一定分辨率的同时,大大地提高了生产率,特别是在掩模版制造技术中,光栅扫描电子束系统成为主流机型。美国应用材料公司的 ETEC 公司生产的 MEBES 系列电子束曝光系统(例如,MEBES II ~ IV、MEBES 4500 和 MEBES 5500 系列产品,其中 MEBES 4700S 是 MEBES 4500 的升级产品)就是比较典型的光栅扫描电子束系统。

在纳米加工中主要采用矢量扫描曝光方式的电子束光刻系统在硅片上直写实行纳米尺度的加工。20 世纪 60 年代初,随着半导体平面工艺的发展,人们开始用扫描电子显微镜进行微细图形曝光的尝试,英国剑桥大学研制出了 1μm 图形的微细加工技术及相关设备。到了 20 世纪 70 年代,法国汤姆逊公司研制了配备有激光干涉仪定位的电子束曝光装置,定位精度达 0.1μm、最细线宽为 0.3μm,这是世界上第一台技术比较完善的电子束扫描曝光设备。此后,直写式电子束曝光系统得到了迅速发展,在纳米制造中发挥着重要的作用。表 5-2 是几种比较典型的直写电子束曝光系统。

表5-2　几种典型的直写电子束曝光系统比较(灯丝用 TFE 阴极)[81]

公司	JEOL 公司	Leica 公司 (Vistec)	Leica 公司
型号	JBX 6300FS	VB 300	LION-LV1
最小束斑/nm	2	3	5
对准	自动	自动	自动
场	62.5, 2000μm	可变	可变
频率/MHZ	12	50	2.6
控制机	VAX VMS	VAX VMS	PC 兼容机
加速电压/kV	25、50、100	10~100	1~20

图 5-6 和图 5-7 给出了两个典型的电子束光刻结果。其中,图 5-6 为 JBX 6300FS 电子束光刻系统,使用负胶 HSQ,胶厚 50nm,曝光出线宽为 5nm 的格栅的 SEM 照片。图 5-7 为 JBX 6300FS 电子束光刻系统,使用负胶 HSQ,胶厚 50nm,曝光出线宽为 20nm 点阵的 SEM 照片。

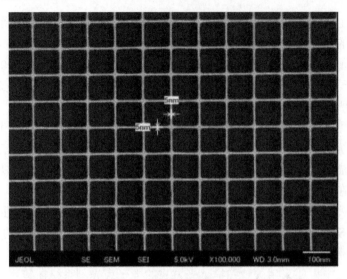

图 5-6　电子束光刻线宽 5nm 格栅 SEM 照片[6, 82]

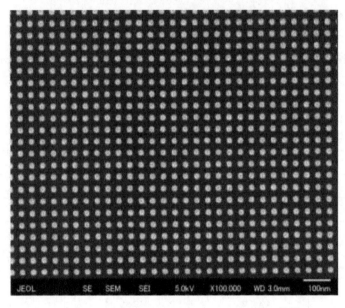

图 5-7　电子束光刻线宽 20nm 点阵 SEM 照片[6, 82]

5.2.4　纳米结构图形加工技术

　　为了在纳米加工技术上有所突破，世界大国都投入大量的人力、物力、财力开展微纳结构加工技术的开发研究，采用各种传统的和非传统的方法（Conventional and Nonconventional Methods）进行纳米结构的加工实验。除了将上述的各种光刻技术应用于纳米结构制造外，还开发了各种新颖的、非常规的加工技术，如以下几种。

　　（1）纳米影像压印光刻（Nanoimprint Lithography）。

　　（2）无掩模光刻（Maskless Lithography）。

(3) 软光刻(Soft-Lithography)。

(4) 接近式电子探针光刻(Proximity Probe Lithography)。

(5) 化学与生物学压印复制法(Chemical and Biological Approaches)。

(6) 原子力光刻(Atomic Power Lithography)。

(7) 原子光刻(Atom Lithography)。

(8) 全息光刻(Hologram Lithography)。

(9) 干涉光刻(Interference Lithography)。

(10) 无掩模激光干涉光刻(Laser Interferometric Lithography without Masks)。

(11) 量子纠缠态光刻技术。

(12) 基于波带片的阵列光刻和 X 射线投影光刻。

(13) X 射线无掩模光刻。

其中大部分目前都还处于实验阶段或概念设计阶段。同时，人们在以三维加工技术为代表的"几何技巧"上下功夫，包括采用薄膜截面微结构技术、侧墙技术、阴影技术、夹层薄膜技术、特殊成像技术以及与化学生长技术和生物生长技术相结合的综合技术制造纳米结构图形，形成了多样的纳米加工技术研究的新生长点。

在纳米尺度，物质呈现出量子效应，同时会表现出衍射耦合效应。纳米电子学又称量子功能电子学，是研究纳米尺度内单个量子或量子波运动规律的科学，借助最新的科学理论和最先进的纳米加工手段，按照全新的概念来构造电子器件与系统。通过对纳米电子学的深入研究，人们可以将单个量子或量子波所表现的功能特征应用于信息的产生、传递和交换，使单位体积物质储存和处理信息的功能大幅度提高，并将其广泛应用于信息科学、纳米生物学、纳米测量学、纳米微机械系统等诸多领域。

纳米电子学的迅猛发展得益于纳米加工手段的不断进步，比如分子束外延技术、AFM、STM 等微观表征和操纵技术、纳米光刻和刻蚀技术等。这些纳米加工手段归结起来主要有如下两类。

(1) 自下向上(Bottom Up)方法，指以原子、分子为基本单元，根据人们的意愿进行设计和组装，从而构筑成具有特定功能的产品。

(2) 自上向下(Top Down)方法，即将现有的集成电路设备、工艺加以提高，进入纳米分辨率阶段，在纳米、深纳米尺寸上将人类创造的功能产品微型化。

5.3　实验设备与器材

5.3.1　实验环境

中国科学院微电子研究所集成电路制造技术重点实验室微纳加工技术平台，超净实验室。

5.3.2　实验仪器

1. 光学光刻及掩模制造

光学掩模版制造曝光设备及暗室显影、腐蚀、清洗工艺处理器械，如图 5-8 所示。

图 5-8　光学光刻及掩模制造实验仪器与样品

(1)光学制版系统，GCA3600F 图形发生器和 GCA3696 精缩机，应用于微米激光掩模制造。掩模版尺寸：2～7in；定位精度：0.25μm；最小线条：1μm。这些设备于 1985 年引进，价格为 100 万美元。

(2)Denton Vacuum 电子束蒸发台，应用于微纳米加工金属及介质薄膜生成。配备无油低温泵、膜厚测试仪。蒸发 Au、Ag、Ti、Al、Cu 这 5 种金属。蒸发片大小为 2～3in 硅片及碎片。

(3)Corial 200IL 高密度等离子体刻蚀机：刻蚀熔石英、介质材料、金、光刻胶。反应气体：SF_6、CHF、O_2、Ar、He；源 RF 功率：0～1500W；13.56MHz 偏置 RF 功率：0～500W；13.56MHz 大小：2～4in 硅片，4in×4in，以及碎片；本底真空：$2×10^{-2}$Pa；刻蚀材料：熔石英、介质材料、金、光刻胶。

(4)SUSS MA6 紫外光刻机：光学曝光。大小：2～4in 硅片以及碎片；光刻对准精度为 0.5μm；曝光模式：软接触、硬接触、真空接触、接近式四种；光刻分辨率为 0.8μm。

(5)SUPRA(tm)55 SAPPHIRE 蔡司场发射型扫描电子显微镜，应用于微纳米结构及形貌表征。以肖特基场发射灯丝为电子源；加速电压范围：20V～30kV；最高分辨率为 0.8nm；探针电流范围为 4pA～20nA；样品室直径为 330mm；5 轴电动样品台，移动范围 X=130mm，Y=130mm，Z=50mm，倾斜 −3°～70°，旋转 360°。

2. 版图设计及数据处理技术

光学掩模版制造曝光设备、激光直写系统和电子束直写系统的数据转换软件及数据处理计算机如下。

(1)光学制版系统，GCA3600F 图形发生器和 GCA3696 精缩机，应用于微米激光掩模制造。掩模版尺寸：2～7in；定位精度：0.25μm；最小线条 1μm。这些设备于 1985 年引进，价格为 100 万美元。

(2)DWL 2000 激光图形发生器系统(Maskless Laser Lithography System，无掩模直写系统)，最大掩模版尺寸：9in×9in；最大曝光区域：(200×200)mm^2(最小 5mm^2)；基片厚度：0～7 mm。该设备于 2013 年引进，价格为 100 万美元。

(3)MEBES 4700S 电子束制版系统，应用于微米级及亚微米光掩模制造。掩模版尺寸：4～6in；定位精度：0.25μm；最小线条 0.5～1μm。该设备于 2003 年引进，价格为 900 万美元。

3. 电子束光刻技术及其应用

纳米电子束直写系统和电子束邻近效应校正软件及数据处理计算机如图 5-9 所示。

JEOL 公司 JBX 6300FS 电子束光刻系统，应用于几十纳米级结构图形曝光，2008 年引进，200 万美元。仪器关键指标如下。

(1)束斑：2nm。

(2)电子枪发射管：热场发射。

(3)加速电压：100kV/50kV/25kV。

(4)晶片大小：2～6in 硅片以及碎片。

(5)定位精度：±20nm。

(6) 分辨率：10nm。

(a) 电子束曝光系统

(b) 电子束光刻操控系统

图 5-9 电子束光刻实验仪器

5.4 实验内容与步骤

5.4.1 实验内容

由教师及辅导员逐一指导学生采用集成电路设计软件 (Tanner)，学习集成电路版图设计工具 L-Edit 图形编辑软件的应用技巧，初步学会指定角度与对应函数的微光刻图形数据处理的功能和使用方法。

由教师及辅导员采用纳米光子束直写光刻仪器进行操控演示，指导学生了解光学邻近效应与电子束曝光邻近效应校正软件 (Layout BEAMER) 的功能。

5.4.2 工作准备

(1) 进入实验间前，了解各实验间的操作规范及注意事项，包括不能随便倚靠实验设备，未经允许不能触碰实验仪器。未经允许，不能对实验仪器尤其是原创仪器的内部进行拍照。

(2)进入洁净间前，穿戴好防护服，经过除尘、除静电处理再进入实验室。

5.4.3　工艺操作

在纳米电子束直写技术中，需要进一步解决绝缘衬底电子束曝光电荷积累等关键问题。电子束曝光是用电子流曝光，曝光时电子束透过抗蚀剂进入绝缘体的基片产生电荷积累现象，所积累的电荷将排斥后来的曝光电子流。实验中让学生观测电荷积累演示示例，如图 5-10 所示。电荷积累与曝光图形大小、密集程度、曝光剂量都有关系，曝光图形越大、图形越密集、曝光剂量越大，确实积累电荷越严重，越容易产生"排斥"现象和火花放电现象。在该实例中，电子流不能在预定的坐标曝光，曝光结果产生偏差，而且大量的积累电荷还会火花放电[69, 120-122]。

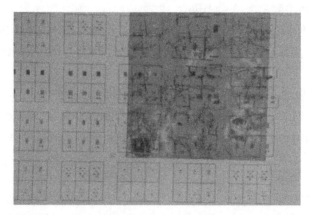

图 5-10　典型的不导电材料表面电子束曝光后由电荷积累产生的扫描偏移和火花放电现象[6, 78]

电子束直写工艺过程是把整个图形划分成若干扫描场，一个扫描场内台面不移动，完成一个扫描场内曝光后，台面再移动到下一个扫描场位置进行曝光，台面移动规则是沿 X 方向按"弓"字形逐场完成曝光，而在每个扫描场内，扫描方向都是从左到右扫描。

以 JBX 6300FS 为例，采用第五透镜曝光时，干扫描场为 62.5μm×62.5μm。按照这种扫描规律，因电荷积累会产生长线条图形曝光偏移的现象，即会出现根据扫描场的切割，把完整的竖线条随电子束扫描的方向分别向左右推移，直线也呈"弓"字形错位。

绝缘体本身肯定不能用电子束直写，为解决绝缘体电子束曝光的问题，一般采用在绝缘体表面镀导电膜(如金属膜、ITO 膜等)的办法，而且放置在片夹上时，要与片夹有良好的导电状态。

在对比验证实验中，首先采用电子束光刻直接制备双层透明导电电极板。工艺操作步骤如下。

(1)在 ITO 透明导电玻璃上镀一层铬。

(2)进行电子束或者激光束曝光电极图形(包括电子束直写光刻标记)。

(3)显影、铬膜腐蚀、ITO 膜刻蚀。

(4)旋涂一层 PMMA 抗蚀剂。

(5)采用电子束直写光刻系统曝光双层电极之间的通孔。

实验结果：由于电极以外的区域为不导电区(铬和 ITO 膜都已经去除)，而且基片中电子束对准标记和仍然具有导电能力的电极部分不能与片夹形成导电状态，在电子束直写和经过的区域仍然有大量的电荷积累，造成通孔曝光位置产生递变形偏移，最大偏移量可达微米级，形成"弓"字形错位。

为了解决该问题，可在 PMMA 抗蚀剂膜的表面上再旋涂一层导电胶(如 SX AR-PC 5000_90-1)，然后进行电子束直写通孔图形，就可以有效地克服上述偏移和错位现象。

SX AR-PC 5000_90-1 导电胶具体的应用方法及需要注意的问题如下。

(1)清洗玻璃片，吹干。

(2)4000r/min 旋涂 PMMA 胶。

(3)热板上 180℃烘烤 2min，降低基片温度。

(4)把片子放在甩胶机上空甩 1min。

(5)采用甩胶机最低转速(如 300～800r/min)旋涂导电胶(SX AR-PC 5000_90-1)。

注意：导电胶实际为混合物，有"沉淀"现象，用塑料滴管吸胶前，要把装导电胶的玻璃瓶充分摇匀。

结果分析：实际上该导电胶本身不导电(用万用表测量进行演示，电阻为"无穷")，但是在电子束曝光时，它会起到疏散积累电荷的作用，即在电子束曝光时会让积累电荷疏散到邻近较大的范围，产生局部弱曝光，并且是无规则斑纹状分布。在实际曝光区域，该导电胶呈现负胶效果，可用去离子水当"显影液"，大约 30s 可以显影出曝光的"抗蚀剂"图形。

另外，如果基片本身是半导体基片，如 Si，表面有介质薄膜(如二氧化硅、氮化硅等不导电膜)，同样会产生积累电荷的影响，通常容易产生几纳米到几十纳米的偏移。此时可以采用匀胶机较低转速(如 1000～2000r/min)旋涂几十纳米厚的导电胶，曝光结果可获得较好的改善。

如果基片本身是绝缘体，积累电荷影响将非常大，易产生几百纳米到几微米的偏移。如上所述，曝光结果与电子束曝光扫描方向有关，随着曝光扫描方向左右推移，把直线曝光成一段一段错位的线段，甚至发生火花放电。所以对绝缘体基片需涂厚"导电胶"。建议按如下步骤进行操作。

(1)匀胶机最低速度旋涂(如 300～800r/min)。

(2)105℃热板烘烤 2min。

(3)电子束光刻机直写图形，剂量为 800～1500μC/cm²。

其中，电子束曝光剂量与诸多条件相关，与图形线条宽度、图形密集程度、图形结构、电子束曝光步距大小、电子束光阑大小、基片材料、抗蚀剂厚度、显影条件、抗蚀剂烘烤条件等有关。以 PMMA 为例，毫米级大面积图形 150μC/cm² 即可显出，微米级图形 500μC/cm² 即可显出；500～800μC/cm² 是临界状态，需要比较长的显影时间才能显影透彻；百纳米级图形 1000μC/cm² 即可显出；十纳米级图形 5000μC/cm² 即可显出；线曝光剂量为 1.0～3.5nC/cm²(曝光 10～20nm 的线条建议采用线曝光)。

(4)用去离子水冲洗导电胶 10min。

(5)显影液(MIBK∶IPA=1∶3)中显影 3～15min，IPA 中定影 30s。

(6)采用 JBX 6300FS 电子束光刻系统进行曝光。

曝光步骤中设定 100keV、200pA、5 透镜、曝光步距 2nm(A，16，最小曝光间隔 0.125nm，16 步为 2nm)、最小光阑、基片为硅片的条件下，建议百纳米左右的图形，面曝光剂量选择 700～1300 $\mu C/cm^2$。

(7)进行显影。

显影液为 MIBK∶IPA=1∶3，700$\mu C/cm^2$ 曝光需要显影 10～15min，1300$\mu C/cm^2$ 曝光可能只需要 3～5min。显影时间根据抗蚀剂厚度和室温进行调整。

5.4.4　实验报告与数据测试分析

(1)写出电子束光刻的实验操作步骤。

(2)在教师的指导下观测绝缘材料在电子束光刻实验中的电荷积累现象，并针对实验条件分析讨论。

(3)完成思考题。

5.4.5　实验注意事项

(1)若没有得到许可，不要按动任何设备的开关按钮，尤其是红、黄色紧急按钮，会导致设备非正常停机事故。

(2)若没有得到许可，不能自行操作任何设备，容易使设备故障，造成重大经济损失。

(3)腐蚀间有硫酸等强酸、强碱化学样品，一定要按照规范操作，以免发生人生意外伤害。

(4)进入超净实验室，必须按照规定穿戴工作服、工作鞋、口罩和手套等。

(5)除工作必需品外，其他物品不得随意带进洁净室。

5.4.6　教学方法与难点

1. 教学目的

(1)了解微光刻与微纳米加工技术的发展历程，微光刻与微纳米加工技术在半导体制造技术及微纳米科学技术中的重要作用；微电了技术如何"点沙成金"——从硅来源的沙子一步步加工成集成电路芯片；集成电路芯片里的最细线宽如何从几十微米缩小到几十纳米，甚至几纳米；微光刻技术如何一次又一次突破光学分辨率极限，创造出人类最精细的加工技术。

(2)全面了解 EDA 设计工具。

(3)全面了解电子束光刻系统的种类。

(4)初步学会图形编辑器模块 L-Edit 的使用方法及数据转换技术。

(5)初步学会微任意角度和任意函数光刻图形数据处理模块的使用方法。

(6)了解光学邻近效应与电子束曝光邻近效应校正软件(LayoutBEAMER)的功能。

(7)了解电子束光刻系统、电子光学系统与电子透镜、电子束光刻的关键工艺技术、电子的散射和背散射产生的邻近效应现象、光学和电子束匹配与混合光刻技术。

(8)光刻技术、电子抗蚀剂工艺技术、电子抗蚀剂应用技术、纳米电子束光刻中若干工艺技术的讨论。

(9)了解下一代光刻技术与计算光刻技术;光学光刻技术一次又一次突破光学曝光分辨率极限,包括大规模生产中达到的 22 nm 节点工艺及实验室 10 nm 节点工艺基本原理,逐渐逼近加工极限和物理极限,在曝光技术方面寻找后光学光刻的曝光手段,同时在电路版图设计上开展可制造性设计与计算光刻;同时,正在开发各种各样的纳米成像技术,一方面继续延伸摩尔定律,另一方面寻求超越摩尔定律。

2. 教学方法

(1)教师讲解电子束机台的工艺原理及操作要求,并由仪器对应的专业指导教师操作演示。

(2)带领学生进入实验室后,由指导教师介绍全工艺流程、每道工序所用的设备、实验原理、设备工作原理、设备的参数、使用条件,以及每套设备使用的注意事项等。

(3)指导学生对光刻、制版样品结果进行检测观察。

3. 教学重点与难点

(1)国内外微电子半导体集成电路制造技术、微光刻技术与微纳米加工技术发展历程;集成电路与光刻技术 60 余年的伟大成果。

(2)光学曝光技术中光掩模制造技术及掩模版制造设备的应用技术;集成电路制造工艺中的光刻工艺与掩模制造工艺。

(3)光学曝光分辨率增强技术中先进掩模制造技术及特种掩模制造技术;光的波前工程的应用使微电子进入纳电子。

4. 思考题

(1)光刻技术的由来,光刻的作用是什么?

(2)掩模的作用是什么?掩模版有哪些类型?

(3)光学曝光分辨率与什么参数有关?为什么光学光刻分辨率能够达到 1/2、1/4、1/8 波长?

(4)学会集成电路版图设计工具 L-Edit 图形编辑软件。

(5)学会任意角度与任意函数的微光刻图形数据处理技术和任意字符图形输入。

(6)学会 Layout BEAMER 软件图形数据运算及邻近效应校正运算。

(7)电子束曝光类型有哪几种?

(8)常用的电子抗蚀剂有哪些?

(9)影响纳米电子束曝光精度的因素都有哪些?

(10)为什么极紫外光刻及掩模要做成反射投影式?

(11)纳米压印和嵌段聚合物定向自组装技术遇到的挑战是什么?

(12)延伸摩尔(more Moore)可能达到的工艺节点是什么?

第 6 章　刻蚀工艺实验

6.1　刻蚀工艺原理

6.1.1　刻蚀工艺概述

1. 刻蚀的概念

刻蚀(Etching)是微纳米加工技术中一种重要的工艺手段，是选择性地从衬底表面去除不需要的材料的过程，其作用是从衬底表面特定区域去除特定深度的材料物质，是一种将掩蔽层图形向衬底层(如硅片)转移的技术，如图 6-1 所示。

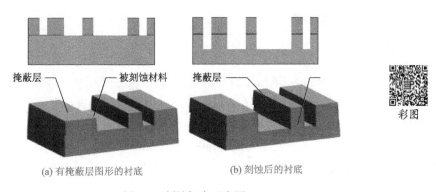

(a) 有掩蔽层图形的衬底　　　　(b) 刻蚀后的衬底

彩图

图 6-1　刻蚀概念示意图

2. 刻蚀材料的种类

刻蚀起源于集成电路，现在广泛用于微电子、光电子、微机电系统等领域。刻蚀的衬底也不局限于硅片，包括以下各种材料。

(1) Si 基材料：Si、SiN_x、SiO_2、SiC……

(2) Ⅲ - Ⅴ材料：GaN、InP、GaAs……

(3) Ⅱ - Ⅵ材料：HgCdTe、CdTe、CdZnTe、ZnO……

(4) 介质材料：石英、Al_2O_3……

(5) 金属材料：W、Ta、Mo、Al、Pt、Au、Ni、Cr……

(6) 磁性材料。

Etching 这个单词的中文翻译也很清晰地阐明了刻蚀的概念，就是包括"刻"这个物理作用，宏观上来说是用某种材料去刻，微观上来说是用某种粒子的动量去撞击（$F=\mathrm{d}P/\mathrm{d}t$, $P=mu$）；还有"蚀"这种化学作用，包括宏观上的腐蚀物体，还有微观上的被激活的分子或原子和目标物质的分子发生反应，异化掉该物质。

3. 刻蚀基本过程

刻蚀的微观过程包括以下两方面。

1) 化学过程(各向同性为主)

(1) 化学活性分子或者原子从源输运至刻蚀表面。

(2) 化学活性源和表面物质发生反应生成反应物分子。

(3) 产物离开反应表面。

(4) 气流带离刻蚀结构。

2) 物理过程(各向异性为主)

(1) 加速离子撞击固体表面发生各种过程，如溅射、物质沉积和离子注入(跟离子的动能有关)等。

(2) 跟刻蚀有关的过程，包括离子的溅射作用、吸附气体的放出和吸附气体的分解放出等。

6.1.2　刻蚀工艺基本参数

1. 刻蚀速率

刻蚀速率(Etch Rate，ER)是指材料从衬底表面去除的速率，如图 6-2 所示。其中，d_0 为材料被刻蚀前的原始厚度，d_1 为材料被刻蚀后的剩余厚度，对于时间 t(min) 内去除的材料厚度为 Δd(nm)$=d_0-d_1$(Å)，则该材料的刻蚀速率为

$$\text{Etch Rate}=\Delta d/t\,(\text{Å/min})$$

其中，Δd 是衬底刻蚀基本参数要求，当刻蚀工艺确定后，刻蚀时间 t 将是一个刻蚀终止手段。

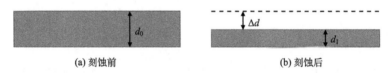

(a) 刻蚀前　　　　　　　　　　　　　　(b) 刻蚀后

图 6-2　刻蚀速率示意图

2. 选择比

刻蚀选择比(Selectivity，SE)是指相同的工艺条件下，衬底层材料刻蚀速率与掩蔽层材料刻蚀速率的比值，如图 6-3 所示。其中，d_0 为材料被刻蚀前的原始厚度，Δd_1 为在完成刻蚀工艺时被去除的掩模材料(Mask)的厚度，Δd_2 为衬底材料在完成刻蚀工艺时被去除的衬底材料厚度。

对于刻蚀图形而言，除了刻蚀形貌(侧壁陡直度、表面光滑度等)之外，另一个比较重要的指标就是衬底材料的刻蚀深度。理论上，对于某一已经确定的稳定工艺，知道刻蚀速率后，可以根据需要的刻蚀深度来给定刻蚀时间。不考虑负载效应等影响，延长刻蚀时间理论上可以得到任一想要的刻蚀深度，但实际上这往往是不可能的。

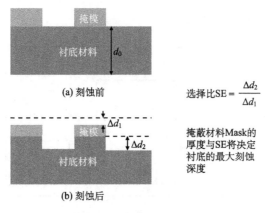

选择比SE = $\dfrac{\Delta d_2}{\Delta d_1}$

掩蔽材料Mask的厚度与SE将决定衬底的最大刻蚀深度

图 6-3 刻蚀选择比示意图

刻蚀图形是由掩蔽层图形决定的，对于常规的工序，掩蔽层图形是采用光刻等手段制备得到的。掩蔽层材料一般为光刻胶，厚度一定。根据选择比的定义，当掩蔽层材料的厚度以及工艺的选择比确定之后，衬底材料的最大刻蚀深度便被直接决定了。

虽然可以通过增加掩蔽层光刻胶的厚度来增加衬底材料的刻蚀深度，但掩蔽层材料的厚度还受制于图形开口大小（以光刻制备掩蔽层材料为例）。以深槽图形为例，当槽宽很大时，掩蔽层的厚度与光刻胶的自身特性以及曝光前的涂布条件有关。当槽宽很小时，为分辨出图形，光刻胶涂布必须变薄。相对而言，光刻胶的分辨率越高，厚度就越薄。

刻蚀选择比表明特定的刻蚀工艺对不同材料具有选择性。选择性是指在某一种特定工艺条件下，不同材料的刻蚀速率的差异性程度。如果不同材料的刻蚀速率差异性越大，那么对应的工艺对材料的选择性就越强。典型的例子如湿法腐蚀硅材料时，腐蚀液对硅的腐蚀速率与对掩蔽层光刻胶材料的刻蚀速率存在极大的差异，因而对两种材料具有选择性。

刻蚀过程要求掩蔽层材料与衬底材料在特定工艺下具有相对较高的选择性。

3. 深宽比

刻蚀的深宽比是指刻蚀图形深度与图形开口尺寸的比值：

$$深宽比 = d/W_{m0}$$

其中，W_{m0} 为刻蚀前线条宽度；d 为刻蚀深度。

在特定材料、特定掩模及特定的工艺下，刻蚀深宽比确定。该指标与选择比类似，也是一个可以决定特定图形结构下衬底材料最大刻蚀深度的指标。

4. 横向刻蚀与关键尺寸损失

如果某一特定工艺下，衬底材料在水平方向有刻蚀，该现象即为横向刻蚀，如图 6-4 所示的横向刻蚀量为 $W-W_{m0}$，图中 W 为刻蚀后线条宽度。横向刻蚀效应的存在，会使刻蚀图形中的槽展宽（图 6-4 中列示的便是一个槽的图形），使图形中的台变窄，关键尺寸损失（CD Lost）。横向刻蚀将决定线条尺寸损失。对于台而言，如果台的变窄量大于台自身的宽度,刻蚀图形将彻底被破坏。

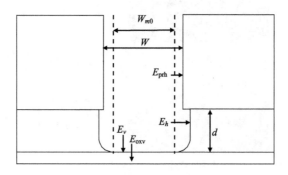

图 6-4　刻蚀深宽比与横向刻蚀

5. 均匀性与重复性

均匀性描述了刻蚀工艺的均匀程度(同一片晶片内不同位置的均匀程度)和重复性能(不同晶片之间的重复性),如图 6-5 所示。单片的均匀性计算有均方根与极值法两种,通常采用极值法计算。

- 均匀性(Un.：Uniformity)

　① 片内均匀性(Within wafer)：

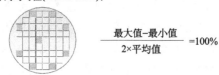

$$\frac{\text{最大值−最小值}}{2\times\text{平均值}}=100\%$$

　② 片间均匀性(Wafer-to-wafer)：

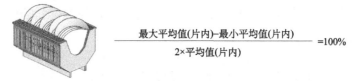

$$\frac{\text{最大平均值(片内)−最小平均值(片内)}}{2\times\text{平均值(片内)}}=100\%$$

　③ 批次间均匀性(Run-to-run)：

$$\frac{\text{最大平均值(批次间)−最小平均值(批次间)}}{2\times\text{平均值(批次间)}}=100\%$$

图 6-5　刻蚀均匀性

对于完整工艺链中的刻蚀工艺而言,除了单片均匀性之外,还需要考虑片与片之间的均匀性,即工艺的重复性。

6.1.3　刻蚀工艺分类

刻蚀技术随着半导体集成工艺的发展而逐步演化,根据不同的标准可以将刻蚀分成不同的种类。

1. 湿法腐蚀

早期的硅刻蚀主要为湿法腐蚀，是一种纯化学刻蚀，腐蚀的衬底材料为硅。湿法腐蚀为纯化学过程，衬底材料与化学液产生反应生成可溶的生成物，实现衬底材料的去除。湿法腐蚀通常具有以下两个显著的特点。

1）各向同性

腐蚀各向同性是指衬底材料的腐蚀速率在水平方向与垂直方向上相同，如图 6-6 所示。刻蚀的各向同性在干法刻蚀中同样存在，后续会详述。由于存在横向刻蚀，对刻蚀图形的展宽以及侧壁陡直度控制很差，图形刻蚀形貌不受控。

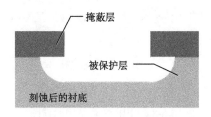

图 6-6　各向同性刻蚀效果示意图

2）刻蚀速率与晶向相关

对于晶体而言，不同晶向上，湿法腐蚀的速率存在差异。由于不同晶向上的刻蚀速率差异，湿法腐蚀可以得到与掩蔽层图形结构迥然不同的图形形貌，如图 6-7 所示。

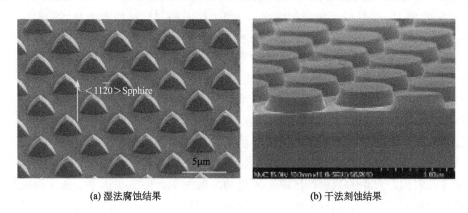

(a) 湿法腐蚀结果　　　　　　　　　(b) 干法刻蚀结果

图 6-7　相同掩蔽层得到的不同刻蚀结果

2. 干法刻蚀

随着 IC 集成工艺的特征尺寸的减小，湿法腐蚀的缺点越来越突出。此时基于等离子体技术的干法刻蚀方法被引入。

干法刻蚀与湿法腐蚀从形式上看最大的不同在于前者的刻蚀过程在气态组分下进行，要求刻蚀产物可挥发；而后者是在液态组分下进行的，要求腐蚀产物可溶解。

从刻蚀原理上，干法刻蚀可以分为物理刻蚀、化学刻蚀与反应离子刻蚀三大类。

1) 物理刻蚀

物理刻蚀建立在带能粒子对衬底材料的轰击溅射作用上，聚焦离子束刻蚀(Focused Ion Beam Etching，FIBE)便是其中之一，其典型的装置结构如图 6-8 所示。

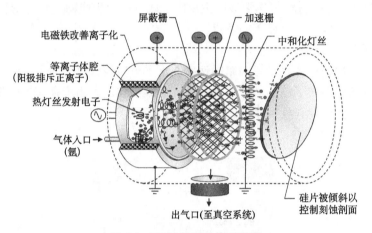

图 6-8　FIBE 装置结构原理图

带能粒子与衬底基片的相互作用大概有如下三类。

(1) 入射粒子弹射：带能粒子接触到衬底基片表面后被弹射离开。这种作用会引起衬底基片表面的晶格结构损伤，即表面损伤。这种作用在干法刻蚀过程中可以引起衬底材料表面原子之间的化学键断裂，加快刻蚀进程。

(2) 溅射作用：带能粒子轰击衬底材料表面，同时将衬底材料表面原子溅射出衬底材料，实现对衬底材料表面材料的去除。溅射一定会引起材料表面的损伤。溅射作用是物理刻蚀的主要作用，此过程中没有化学过程的参与。溅射作用除了主导物理刻蚀过程，也是物理气象沉积(PVD)过程的主要作用。

(3) 注入：带能离子轰击衬底表面并直接进入衬底材料的晶格结构内部，成为衬底材料的外掺入粒子。半导体制程中用于 PN 区掺杂的束线离子注入便是此种原理。

其中，带能粒子的物理溅射刻蚀具有如下特点。

(1) 物理溅射刻蚀速率与带能粒子的入射角度相关，且最大刻蚀速率对应的入射角度不是垂直入射角，典型的溅射产出率与入射角度的关系如图 6-9 所示。由于存在这种现象，FIBE 一般需要将沉底基片倾斜一定的角度同时旋转基片以实现刻蚀图形的陡直以及均匀。此外，在等离子体干法刻蚀中，当物理刻蚀作用占主导后，刻蚀图形与掩蔽图形往往会不一致(详见后叙等离子体刻蚀)。

(2) 物理溅射刻蚀对材料的选择性较差。如图 6-10 所示的在 600eV 氩离子轰击下，各种材料的溅射产出率相差极小。由于溅射所具有的这种特性，其适合用于刻蚀一些难以刻蚀的材料。

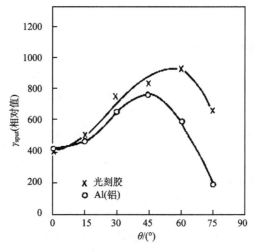

图 6-9 粒子溅射产出率与粒子入射角度之间的关系[19]

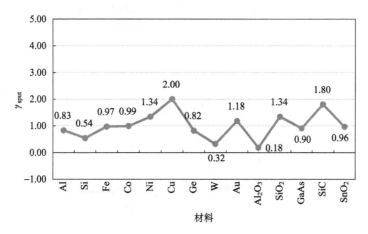

图 6-10 不同材料的溅射产出率[17-20]

2）化学刻蚀

化学刻蚀在采用化学气体组分与衬底材料进行化学反应时，生成的刻蚀产物从衬底表面挥发掉，从而达到对衬底基片的刻蚀作用。

单物理刻蚀结果如前所述，只有离子轰击溅射一种作用。单 XeF_2 气体是一种纯化学刻蚀，包含活性粒子在衬底表面的物理吸附、化学吸附、生成刻蚀产物，以及刻蚀产物的解吸附，其基本过程如图 6-11 所示。

3）反应离子刻蚀

反应离子刻蚀（Reactive Ion Etch，RIE）是半导体工艺中最为常见的一种，是基于等离子体技术的干法刻蚀工艺。该工艺在物理刻蚀的基础上，会在刻蚀腔室中加入一些特殊的气体进行刻蚀。其中最著名的实验是在用 Ar^+ 刻蚀硅的实验中加入了 XeF_2 气体组分，其结果如图 6-12 所示。

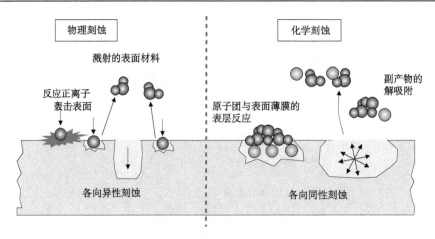

图 6-11　物理刻蚀与化学刻蚀基本原理

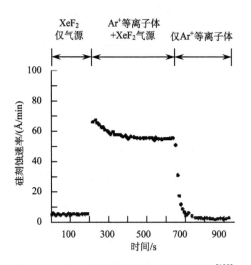

图 6-12　掺有气体组分的物理刻蚀结果[123]

当把 XeF_2 气体加入 Ar^+ 离子刻蚀过程时，有以下几个作用会被加强。

（1）参加化学反应的活性粒子增加：在纯化学反应中，活性粒子为 XeF_2 气体分子。由于带能 Ar^+ 离子的存在，XeF_2 气体会被电离并产生 F^* 活性粒子，从而提升化学反应速率。

（2）化学吸附增强：在没有离子轰击的作用下，活性粒子需要与衬底表面的空位结合，由于离子轰击作用的存在，衬底表面材料原子之间的化学键会被打断，从而大大增加化学吸附概率。

（3）刻蚀产物的解吸附：形成刻蚀产物后，由于离子轰击作用的存在，产物的解吸附过程会增加。

上述三条均可以正向增强刻蚀过程，相较于纯物理刻蚀或化学刻蚀，刻蚀速率可以大大增强。结果如图 6-12 所示。

带有刻蚀气体组分的物理刻蚀可以大大增加刻蚀速率，因而等离子体刻蚀技术被引入。等离子刻蚀基于低温等离子体技术，其刻蚀的基本原理与上述带有刻蚀组分的物理刻蚀近似。

在这种等离子体刻蚀中,包含物理、化学两种刻蚀,并且化学反应的活性粒子以及物理刻蚀中的带能离子同时由等离子体源提供,且离子的轰击速度可以通过等离子体的鞘层实现调制。

反应离子刻蚀技术是目前应用较多的刻蚀技术,RIE 技术不断突破,在 Si、SiO_2、Si_3N_4 以及金属刻蚀方面取得了巨大的突破。表 6-1 给出了几种主要半导体材料的刻蚀配方。

表 6-1　主要半导体材料的刻蚀配方

材料种类	使用范围	常用刻蚀气体
硅	沟槽隔离	Cl_2, HBr, HCl, CF_4, SF_6, C_2F_6, NF_3
多晶硅	栅极	Cl_2, HBr, HCl, CF_4, SF_6, C_2F_6, NF_3
硅化物	栅极	Cl_2, HBr, HCl, CF_4, SF_6, C_2F_6, NF_3
Si_3N_4	氧化层阻挡层、刻蚀截止层	CF_4, C_2F_6, C_4F_8, CHF_3
SiO_2	隔离、硬掩模	CF_4, $C2F6$, C_4F_8, CHF_3
Al	金属化材料	Cl_2, BCl_3+Cl_2, $SiCl_4$, CCl_4
W	金属化材料	SF_6, SF_6 +N_2
TiN	扩散阻挡层、ARC 层	Cl_2, SF_6, BCl_3+Cl_2
光刻胶	掩模	O_2, O_2+He, O_2+Ar, CO_2
氟氧化硅	无机 CVD、低 k 值绝缘材料	CF_4, C_2F_6, C_4F_8, CHF_3
对二甲苯	有机 CVD、低 k 值材料	N_2/O_2/$C_2H_2F_2$, N_2/H_2, N_2/O_2/CH_4/C_4F_8
SilK	有机涂层 SOD、低 k 值材料	N_2/O_2/$C_2H_2F_2$, N_2/H_2, N_2/O_2/CH_4/C_4F_8
$RSiO_{0.5}$	无机 SOD、低 k 值材料	CF_4, C_2F_6, C_4F_8, CHF_3
Ta_2O_5	高 k 值材料、电容	NF_3, CF_4
Ti	黏附层	Cl_2, SF_6, BCl_3+Cl_2

6.2　等离子体刻蚀原理

6.2.1　等离子体

1. 基本概念

等离子体是继固态、液态与气态之后物质的第四态,其由大量自由带电粒子构成,具有独特的物理与化学性质:类导体的导电性、化学活性与集体行为。由于等离子体由大量自由带电粒子组成,因而它具有类似于导体的导电性能;除了带电粒子外,粒子之间的碰撞产生大量的处于激发态的活性粒子,这些活性粒子易于发生化学反应,使等离子体具有活泼的化学性质;等离子体中自由带电粒子的运动会影响周围其他带电粒子运动,同时也受到其他带电粒子的束缚而表现出集体行为。

2. 等离子体特征

用于半导体工艺中材料表面处理的等离子体是一种低温等离子体或称为弱电离等离子体，该种等离子体具有如下的特征。

(1)等离子体由外加电场驱动。这是外部能量耦合给离子的途径，根据能量注入等离子体中的形式不同，等离子体放电方式可以分为直流放电、感性耦合放电、容性耦合放电(CCP)、电子回旋共振(ECR)等离子体等。

(2)带电粒子与中性粒子之间的碰撞是重要的物理过程。其中电子与中性粒子分子之间的碰撞电离是等离子体产生的主要方式。

(3)边界处粒子的表面损失是重要过程。

(4)稳定的等离子体放电过程是由不断电离中性粒子来维持的。稳态等离子体是由边界处粒子的不断损失与中性粒子不断电离的动态平衡实现的。

(5)电子与粒子之间不存在热平衡。电子的温度要远远高于离子的温度，这主要是由离子与电子之间的质量差导致的，且电子加热机制占主导作用。

3. 粒子相互作用

虽然等离子体中存在大量带电粒子，但总体上看，等离子体中所有正电荷量与所有负电荷量大体相等，这就是等离子准电中性假设，即

$$n_i \approx n_e \approx n \tag{6-1}$$

其中，n_i 为正离子密度；n_e 为电子密度；n 为等离子体密度。

与等离子体中的中性粒子密度 n_n 相比，等离子体密度要小得多，因为低温等离子体的电离率很小：

$$\eta_{iz} = \frac{n_i}{n_i + n_n} \tag{6-2}$$

即使高密度低温等离子体，该值也不会大于 10%，通常情况下甚至不会大于 1%。

如图 6-13 所示，电子与其他重粒子之间碰撞可导致以下几种作用[123-126]。

(1)电离(Ionization)。

(2)激发(Excitation)。

(3)退激(Relaxation)。

(4)裂解(Dissociation)。

等离子体中的以上几种碰撞过程与粒子的平均自由程(Mean Free Path)有密切关系。平均自由程：

$$\lambda = \frac{1}{n_g \sigma} \tag{6-3}$$

其中，n_g 为粒子密度；σ 为粒子的碰撞截面，如图 6-14 所示。粒子密度越高，平均自由程越短；碰撞截面越大，平均自由程越短[123-126]。

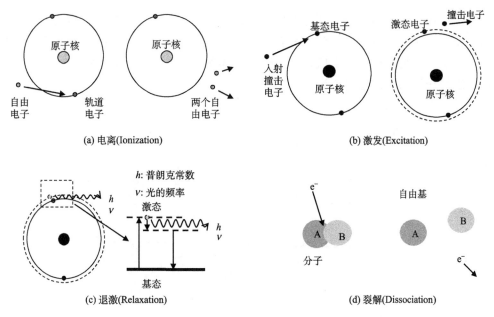

图 6-13　等离子体中电子与其他重粒子之间相互作用的形式

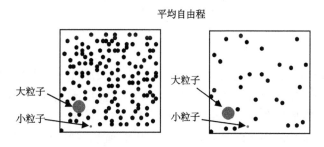

图 6-14　平均自由程和粒子大小及密度的关系

等离子体中的离子质量至少比电子质量大 1000 倍, 外部功率通过电场更多地传递给电子, 重粒子之间只能通过碰撞来进行能量交换与转移, 且电子与重粒子之间弹性碰撞损失的能量极少, 电子与离子之间无法实现热平衡, 电子温度 T_e 要远远大于离子温度 T_i。由于电子温度要远远大于离子温度且质量远远小于离子, 电子的热运动比离子的热运动剧烈得多。

4. 等离子体鞘层[123-126]

当等离子体周围存在固体介质器壁时, 由于电子热运动比离子快, 在等离子体稳定的初期, 电子迅速向器壁运动并损失, 在器壁处形成一个以离子为主的区域, 该正离子区域便是等离子体鞘层(Plasma Sheath)。在鞘层内, 离子密度要远远大于电子的密度, 并且呈现正净电荷。该正净电荷会产生一个强大的电场, 该电场从等离子体指向器壁。该电场将约束电子向器壁运动而加速离子打向器壁, 引发高能离子作用过程, 如溅射、注入, 以及高能离子增强的工艺过程。

等离子体鞘层内的粒子密度与电势分布如图 6-15 所示。由于鞘层的存在，等离子体相对于器壁存在一个正电势，该电势为等离子体电势，对于高密度感应耦合等离子体而言，等离子体电势大约为几十伏。通过鞘层向器壁运动的离子因受到鞘层加速而获得能量，该能量与等离子体电势相当。

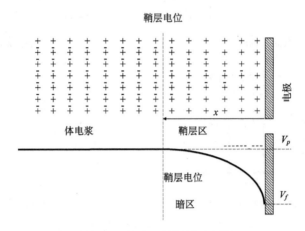

图 6-15　等离子体鞘层示意图

5. 其他过程

在等离子体刻蚀工艺中，与基片相连的电极上需要施加一个射频功率源，实现对基片的偏置，此时该电极会出现一个相对地为负值的直流电压 V_{dc}，该电压值为射频偏压。射频偏压的存在一方面增强了穿过鞘层轰击到基片表面的离子能量，另一方面使得一个射频周期内，到达基片的离子通量与电子通量相等而没有静电荷累积。

等离子体中，除了带电的离子电子外，还存在大量的中性粒子，这些中性粒子包括具有化学活性的粒子、激发态粒子以及最大量的气体分子。这些中性粒子特别是具有化学活性的粒子与基片表面作用时会引发复杂的化学过程，包括由化学反应导致的基片材料去除的刻蚀过程和薄膜沉积过程。

6.2.2　等离子体刻蚀

等离子体刻蚀是去除表面物质的一种重要的工艺过程。等离子体刻蚀过程具有化学选择性，即去除特定材料而不影响其他材料；也可以具有各向异性，即只具有垂直方向上的刻蚀而没有水平方向上的刻蚀。

1. 工艺要求

等离子体干法刻蚀的工艺要求如下。

(1) 高刻蚀速率，保证刻蚀产出率。

(2) 高选择比，对于半导体刻蚀工艺来讲，指基片的刻蚀速率与光刻胶刻蚀速率之比。

(3) 好的刻蚀均匀性(Etch Rate Uniformity，ERU)，刻蚀均匀性包括选择比均匀性，即片内(In Wafer，IW)、片间(Wafer to Wafer，WW)及批间(Batch to Batch，BB)均匀性。

(4)特征尺寸控制(Critical Dimension，CD)，与各向异性刻蚀有关。

(5)图形形貌可控(Profile-control)。

(6)无刻蚀残留，刻蚀过程中没有不挥发与难以去除的生成物与微粒。

(7)无损伤。

(8)掩蔽层光刻胶易去除。

2. 工艺过程

等离子体刻蚀涉及三种基本物理过程，即离子溅射、活性粒子纯化学刻蚀与沉积。上述三种过程可以引发四种刻蚀工艺过程，即溅射、纯化学刻蚀、离子能量驱动刻蚀与离子-阻挡层复合作用刻蚀[123-126]，如图 6-16 所示。

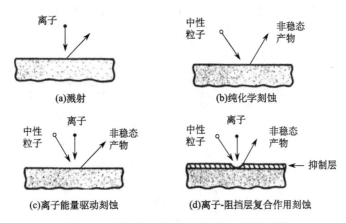

图 6-16　四种基本等离子体刻蚀工艺的过程

四种等离子体刻蚀工艺过程简述如下。

1)溅射

溅射主要采用高能离子对材料表面进行轰击，从而将原子从材料表面弹出来。离子溅射属于物理刻蚀过程，对材料没有选择性，但具有各向异性。当离子能量给定时，材料溅射率只取决于材料的表面结合能与入射离子质量,不同材料间溅射率相差不是很大。除此之外溅射率对离子的入射角度异常敏感。

2)纯化学刻蚀

纯化学刻蚀具有材料选择性，几乎不具有各向异性。化学刻蚀过程中，等离子体向基片表面提供具有化学活性的原子或分子，这些活性粒子与材料表面发生反应生成气相产物。化学刻蚀中的产物具有挥发性至关重要，否则化学刻蚀过程无法进行。化学刻蚀的各向异性很差，这是由于活性粒子几乎以近似均匀的角分布到达基片表面。对于晶体而言，化学刻蚀可能具有各向异性，这种各向异性刻蚀是由晶体的晶向引起的，与刻蚀本身无关。

3)离子能量驱动刻蚀

离子能量驱动刻蚀可以看成是离子溅射与化学刻蚀两种刻蚀工艺过程的结合，本质上仍是化学刻蚀，但其刻蚀速率却由载能离子的轰击能量决定，刻蚀效果要比单纯离子溅射或纯化学刻蚀好得多。离子驱动刻蚀具有很好的各向异性，但选择比要差很多。

4) 离子-阻挡层复合作用刻蚀

离子-阻挡层复合作用刻蚀工艺过程中，等离子体不仅向基片表面输送高能离子、活性粒子，还输送形成刻蚀阻挡层的前驱物。阻挡层的形成可能来源于等离子体自身产生的沉积物前驱，也可能是刻蚀产物挥发再沉积，也可能来自等离子体与刻蚀产物作用产生的聚合物。阻挡层的形成可以保护离子轰击不到的地方，对刻蚀图形的侧壁形貌的控制有好处。离子轰击还可以将衬底材料的原子之间的键打断，使化学吸附可以进行，这对于具有高键合能的材料刻蚀尤为重要；此外高能离子轰击还可以使刻蚀产物从沉积表面解吸附。等离子体干法刻蚀主要由离子-阻挡层复合作用刻蚀过程构成，通常以等离子体刻蚀简称这种刻蚀过程。

等离子体干法刻蚀具体过程可大致描述如下，其示意过程如图 6-17 所示。

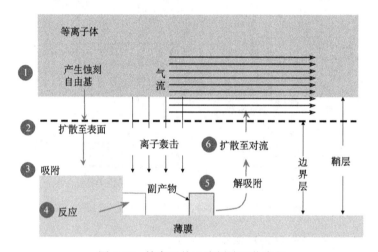

图 6-17　等离子体干法刻蚀工艺流程

(1) 刻蚀物质的产生。射频电源施加在一个充满刻蚀气体的反应腔上，通过等离子体辉光放电产生电子、离子、活性反应基团，刻蚀过程必须不断地有活性反应基团产生。

(2) 刻蚀物质向基片表面扩散。

(3) 刻蚀物质吸附在基片表面上。刻蚀粒子在基片表面的吸附有两种：物理吸附与化学吸附。物理吸附的粒子极容易解吸附，而化学吸附的粒子将与基片表面原子成键，形成刻蚀产物，持续的刻蚀有化学吸附。

(4) 在离子轰击下，刻蚀物质和基片表面的被刻蚀材料发生反应。

(5) 刻蚀产物在离子轰击下解吸附，离开基片表面。

(6) 挥发性刻蚀产物和其他未参加反应的物质被真空泵抽出反应腔。

6.3　干法刻蚀工艺原理

6.3.1　干法刻蚀基本原理

1. 基本概念

干法刻蚀工艺是与刻蚀结果关系最为密切的参数，对于特定的机台而言，一组工艺参数对应着一个特定的工艺结果。在不同的机台上，相同工艺参数的刻蚀结果并不具有可比性。

宏观而言，一组确定的工艺参数直接确定了一组刻蚀结果；一组刻蚀结果被一组特定的工艺参数所决定。调节工艺参数可以实现对刻蚀结果的直接调节作用。

1) 干法刻蚀工艺参数

干法刻蚀工艺的参数主要有以下几个 (图 6-18)。

(1) 射频等离子体功率源 (SRF)。

(2) 偏压功率源 BRF (Bias Radio Frequency)。

(3) 工艺压力 P (Pressure)。

(4) 气体流量 (Gas Flow) (气体配比)。

(5) 衬底温度 T (Wafer Temperature)。

(6) 刻蚀时间 t。

2) 干法刻蚀结果

刻蚀结果主要包含 ER、SE、深宽比、均匀性、陡直度等，详见前述。

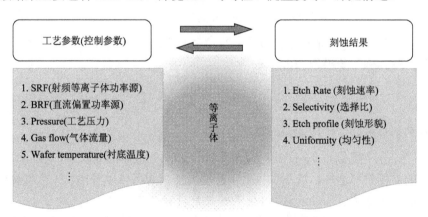

图 6-18　干法工艺参数与刻蚀结果之间的关系

这样看来，工艺参数与刻蚀结果之间直接联系。但是二者是通过等离子体这个中间介质来实现的，工艺参数的任何变化首先直接反映到等离子体上来，然后通过等离子体反映到刻蚀结果上。所以需要先了解等离子体特性对刻蚀结果的影响，以及对工艺参数的调节作用。

2. 干法刻蚀工艺参数变化对刻蚀结果的影响

1)射频等离子体源功率

对于等离子体而言，等离子体的粒子密度与 SRF 正相关[123-126]，典型的关系曲线如图 6-19 所示。刻蚀结果中的刻蚀速率(ER)与离子密度正相关，其原因包括。

(1)离子密度的增加会使物理刻蚀作用加强。

(2)离子密度增加，对应地会使活性粒子密度增加，使化学刻蚀作用加强。

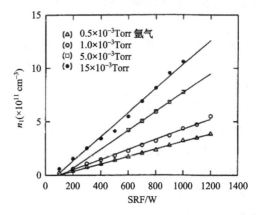

图 6-19　等离子体离子密度与 SRF 之间的趋势关系[123]

2)工艺压力

根据热力学可知，压力与粒子密度之间具有如下关系：

$$p = n_g KT \tag{6-4}$$

其中，T 为温度；K 为玻尔兹曼常量；n_g 为粒子密度。

此外，气体分子的平均自由程为

$$p\lambda = \frac{1}{n_g \sigma} \tag{6-5}$$

其中，σ 为碰撞截面，对应的碰撞频率为

$$\nu = n_g \sigma v \tag{6-6}$$

粒子的碰撞频率增加，等离子体离子密度增加。因而可以看出，工艺气体压力的增加同样可以使离子密度增加，这对 ER 的提高是有好处的。

此外，工艺压力的增加会降低离子轰击到基片表面的能量，反映到工艺参数上就是直流偏压 V_{dc} 会降低，定性地可以做如下解释，即工艺压力的增加使离子平均自由程降低，碰撞频率增加，单位时间内离子的能量会因碰撞的增加而降低。离子轰击能量的降低一般会提高选择比(SE)，同时降低基片表面温度。

3)直流偏置功率源

BRF 直接与轰击到基片表面的离子能量有关，BRF 的增加会使基片表面的直流偏置电压 V_{dc} 增加，离子穿过等离子体鞘层时受到更大的加速电场加速。如前所述，V_{dc} 的增

加会使 ER 增加，同时降低 SE。

4) 气体流量与气体配比

干法刻蚀一般都会采用混合气体进行刻蚀，不同气体之间的配比对刻蚀结构影响极大，这取决于不同气体对不同衬底材料的刻蚀特性。更有一般性的是气体流量，干法刻蚀中采用气体质量流量控制器(MFC)来控制流入工艺腔室的气流量［单位：标准立方厘米每分钟(sccm)］。

对于真空系统而言，当通入一定气体后，腔室内的压强最终会稳定，进气与被泵组抽走的气体量等同，但高气流对应高腔室压力。根据热力学，我们可以直接分析出气体流量这个参数对应的一个气体分子从进入真空腔室到离开真空腔室的平均滞留时间 τ，如下：

$$\tau = \frac{V}{FS}\frac{T_0}{T}\frac{P}{P_0} \tag{6-7}$$

其中，FS 为气体流量(sccm)；T 为工艺温度(K)；P_0 为标准大气压(1.013×10^5Pa)；T_0 为室温(300K)；P 为工艺压力(Pa)；V 为工艺腔体积(cm^3)。

由上可以看出，气体分子平均滞留时间与气体流量是成反比的，滞留时间越长，粒子的利用率就越高。对于特定数量的粒子而言，高利用率意味着刻蚀速率的增加，但高粒子利用率同样意味着低的粒子数量。因而刻蚀速率与流量的变化存在一个极值点。

5) 衬底温度 T

衬底温度升高是由带能粒子轰击基片表面引起的，因而衬底温度与等离子体密度以及离子能量，即直流偏压 V_{dc} 密切相关。基片表面温度的升高首先引起的是光刻胶(PR)掩蔽层的畸变(PR 碳化)，如图 6-20 所示。掩蔽层的畸变会直接导致刻蚀图形的畸变。对于非光刻胶掩蔽的衬底刻蚀而言，高温对掩蔽层的影响可以忽略，但对衬底的刻蚀结果影响不可忽略。对于一些刻蚀产物沸点温度较高的材料(如 $InCl_3$)，基片表面温度的升高反而有利于刻蚀产物的挥发，减少刻蚀缺陷[125, 127]，如图 6-21 所示。

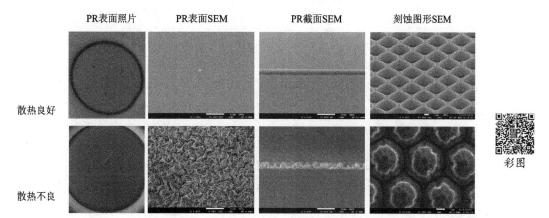

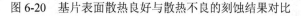

图 6-20　基片表面散热良好与散热不良的刻蚀结果对比

(a) 衬底散热良好　　　　　　　　　　　(b) 衬底散热不良

图 6-21　Cl 基组分下刻蚀 InP 的效果

6.3.2　等离子体刻蚀设备的发展与现状

1. 等离子体刻蚀设备发展历程

等离子体刻蚀设备的发展经历了从批处理到单片工艺、从低密度等离子体到高密度等离子体的历程[123-126]。

2. 刻蚀设备分类

1) 批处理式刻蚀设备

在 20 世纪 80 年代之前，大部分的刻蚀设备被设计成批处理式的，如图 6-22 所示。这种批处理式刻蚀设备的特点是没有离子轰击，几乎为纯化学刻蚀，因此可以获得很高

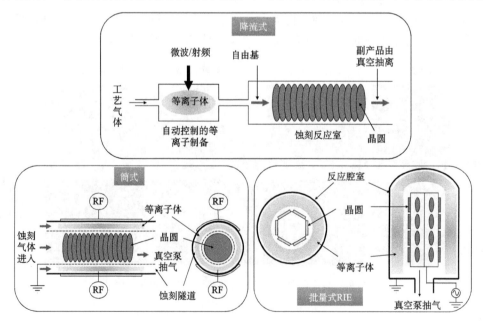

图 6-22　早期批处理式刻蚀机的几种类型

的选择比，并且几乎不会对晶圆造成辐射损伤，产出率也高。但是相对来说，刻蚀线宽有限，当时只适用于 6in 以下的晶片。批处理刻蚀设备一般工作在 0.5～2.0Torr 的气压下，其各向同性刻蚀的特点限定了其只适用于去胶等一些非关键的刻蚀工艺步骤中。

　　2) 平行电极型刻蚀设备[124]

　　随着技术的发展，特别是线条的缩小和对污染物更为严格的要求，批处理式刻蚀设备被后来的平行电极型刻蚀机（Reactive Ion Etcher, RIE）取代，如图 6-23 所示。平行电极型的等离子体反应室被用于芯片制造工艺以来，随着晶圆尺寸的不断扩增，以及芯片图形尺寸的不断递减，平行电极类型的等离子体刻蚀设备在过去的几十年中已经获得大幅改进。

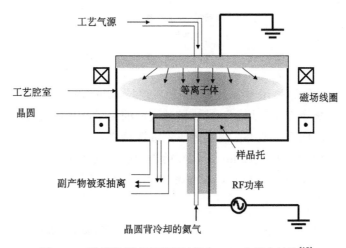

图 6-23　磁增强反应离子刻蚀机（MERIE）基本结构[18]

　　平行电极型等离子体刻蚀设备的改进型原理类似，如图 6-24 所示，其最大的改进就是在反应腔室的四周增加了磁场（Magnetic Enhanced RIE，MERIE）。电子在电磁场的共同作用下，将做圆弧状的回旋运动，而不是像平板电容电场那样直线运动，这些磁场的

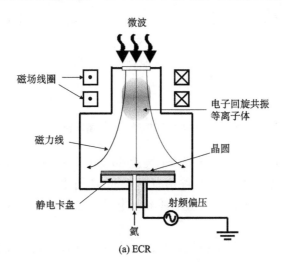

(a) ECR

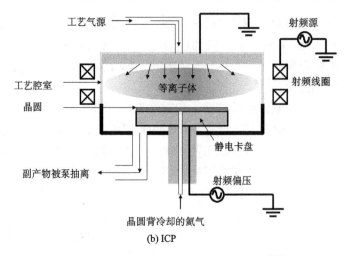

(b) ICP

图 6-24　ECR 和 ICP 刻蚀机的基本结构[125]

引进会进一步地增强等离子体密度，并使刻蚀技术可以在更低的气压下开展工艺（<10mTorr）。随着离子密度的增加，撞击腔体表面的离子能量也被降低，而在离子能量降低的同时可以不降低刻蚀速率，这提高了刻蚀选择比。

当刻蚀图形的线宽小于 0.25μm 时，磁场在刻蚀性能提升方面又遇到了挑战，这时产生了电子回旋加速振荡(Electron Cyclotron Resonance，ECR)等离子体刻蚀系统、ICP 刻蚀设备，如图 6-25 所示。

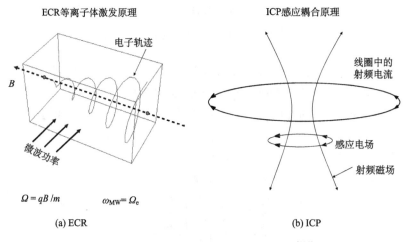

(a) ECR　　　　　　　　　　　(b) ICP

图 6-25　ECR 与 ICP 等离子体激发原理[125]

如图 6-25(a)所示，ECR 等离子体刻蚀设备利用了电子在外加微波下回旋共振的原理，从而使电子得到更多的能量，最终形成更高的等离子体密度。如图 6-25(b)所示，ICP 刻蚀装备在反应腔室上方或侧壁添置了线圈状电极，电极通过电感耦合获得了更高的等离子体密度。

当前高端芯片生产中，导电材料的刻蚀工艺多采用 ICP 刻蚀技术，ICP 刻蚀可以得到更加均匀的等离子体，并用上、下两组电极分别控制离子的密度和能量以达到最优化的组合。目前，电介质的刻蚀主要用的是 ECR 等离子体刻蚀设备和改进型的 RIE 刻蚀设备(即感应耦合等离子反应离子刻蚀机 ICP-RIE)。

3)刻蚀设备的发展

集成电路的特征尺寸不断减小、集成度不断提高、硅晶圆尺寸不断增大，对刻蚀设备的要求也变得越来越高。除了能够提供更高质量的刻蚀性能，还要求刻蚀装备系统能够在大规模量产中保证高稳定性和极低缺陷率。

为了满足芯片生产技术进一步发展的需要,新一代刻蚀设备将会具有以下几项特点。

(1)可以精准而多样化地调节工艺参数,并采用智能化的控制系统。

(2)反应腔室的优化设计和内壁涂层材料的改进及腔室环境一致性的保持方案。

(3)灵敏先进的终点系统及优良操作性的控制软件平台。

(4)在线检测及 APC 系统的运用。

6.4　实验设备与器材

6.4.1　实验环境

本实验安排在中国科学院大学集成电路学院的微电子工艺实验室进行，该实验室面积约 $210m^2$，其中净化面积约 $160m^2$。实验室以中国科学院大学教师团队为技术依托，拥有光刻机、光刻胶处理系统、薄膜沉积系统、刻蚀装置等系列半导体相关学科的专业教学仪器。实验平台的建设与完善，将进一步优化大学教学模式的整合，促使整个教学过程是师生共同参与、动态双向的信息传播过程。

6.4.2　实验仪器

本书将安排在感应耦合等离子体反应离子刻蚀(ICP-RIE)机上进行实验教学。实验的主要教学仪器如下。

(1)ICP-RIE 机台一台，其原理与构成详见第一部分内容。

(2)光学显微镜一台，用于观察基片的表面形貌。

(3)台阶仪一台，用于测量刻蚀图形的高度。

1. ICP-RIE 原理与构成

工业与研究中应用最为广泛的两种等离子体干法刻蚀设备系统包括感应耦合等离子体反应离子刻蚀(ICP-RIE)、平板式容性耦合反应离子刻蚀(CCP-RIE)。两者的基本不同如下。

(1)等离子体源的密度不同。CCP-RIE 与 ICP-RIE 的等离子体源的产生原理分别为容性耦合与感性耦合，后者的离子密度约比前者高一个量级；低温等离子体中活性粒子密度与离子密度正相关，反映到刻蚀过程便是参与基片刻蚀过程的离子与活性粒子数量变多。

(2)离子密度与能量是否解耦。在 CCP-RIE 中等离子体源于离子的偏置功率射频源为一个，当提高等离子体密度的同时，离子的能量提高，二者无法相对独立控制，反映到刻蚀过程中便是刻蚀过程中的物理作用与化学作用无法相对独立控制。

由于 CCP-RIE 与 ICP-RIE 之间存在不同，因此二者在应用上也有差别。一般而言，对于小线条图形线条以及要求精细刻蚀的常采用 ICP-RIE 机台，可以实现对基片衬底图形形貌的更好的刻蚀控制。而对于大线条相对要求较低的刻蚀，通常采用 CCP-RIE 机台，以降低刻蚀成本。

2. ICP-RIE 刻蚀机台

以下将以 ICP-RIE 刻蚀机台为例来进一步讲解干法刻蚀机台的组成。典型的 ICP-RIE 机台的组成如图 6-26 所示。

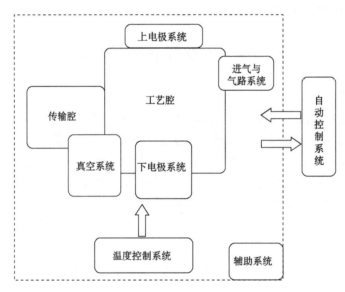

图 6-26　ICP-RIE 机台组成

各部分的主要功能与关系如下。

1)上电极系统

上电极系统是整个机台的核心系统之一，用以实现射频能量高效耦合与产生均匀的等离子体，对工艺指标特别是工艺均匀性起决定性作用，包括以下几部分。

(1)用于产生等离子体的功率源。ICP-RIE 机台的等离子体功率源为射频功率源(Source Radio Frequency Power，SRF)，一般常用频率为 13.56MHz，为使负载获得最大功率以及最小的反射功率，在 SRF 与负载之间还会有一个功率匹配网络(Match Box，MB)，其结构如图 6-27 所示。

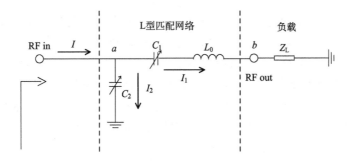

图 6-27　L 型匹配网络拓扑结构

(2)感性耦合线圈。ICP 通过一个线圈，由交变电流产生交变磁场，磁场穿过功率耦合窗口在真空腔室内产生涡旋电场，加热电子，最终产生等离子体。通常采用的功率耦合线圈为盘香结构的平面型线圈，如图 6-28 所示。

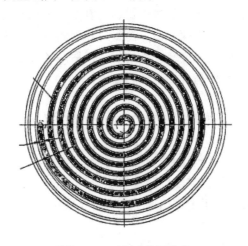

图 6-28　平面型线圈结构

(3)电磁屏蔽装置。由于有射频的存在，整个上电极系统需要有良好的射频屏蔽装置与手段。一般情况下，采用导电且接地良好的金属层(铝或者不锈钢)将整个机台做包覆，将电磁彻底屏蔽。

2)传输腔

传输腔与下电极配合完成自动装载基片功能，实现工艺腔与大气隔离，由一个机械手与一个腔室组成。其中，核心部件是机械手，实现平稳可靠的取送片过程。主要作用系统是工艺腔、下电极与真空系统。传输腔的存在主要有以下两条理由。

(1)主工艺腔真空状态不被破坏。

(2)优化对操作人员的影响。

对于主工艺腔真空状态不被破坏，在正常的刻蚀工艺过程中，需要将衬底基片从大气环境下送入主工艺腔，工艺完成后，再将基片从主工艺腔取出到大气环境中。如果没有传输腔，主工艺腔在一次工艺过程中需要两次将压力升到大气压环境并进行两次开腔。而频繁打开主工艺腔压力到大气压环境，会对主工艺腔引起如下影响。

(1)增加每次抽真空的时间，每次开腔，大气环境中的水汽以及颗粒杂质会进入并吸附在主腔内壁上，机台需要花费更多的时间将水汽以及颗粒抽走。

(2)破坏主工艺腔的微环境，水汽特别是颗粒的进入会使得腔室的微环境发生变化，对刻蚀工艺的稳定性与重复性造成影响，甚至会引起刻蚀缺陷。

(3)可能会损坏主工艺腔中的部件，当机台的工艺中含有腐蚀性气体组分时(如氯气、氯化硼、溴化氢等)，水汽的进入会与腔室内的残留腐蚀性气体产生酸，腐蚀腔室内的金属部件特别是气路系统，这种损坏是不可逆的。

(4)对于操作人员的影响，主要由于干法刻蚀需要用到诸多特气，这些气体具有腐蚀性毒性，频繁地开启工艺腔会使这些腔室内的参与气体扩散到大气中，对人体造成伤害，因此需要一个传输腔来进行气源的隔离与保护。

3)工艺腔

等离子体产生与刻蚀工艺完成的地方，内有进气及匀气装置。工艺腔具备各种接口，与其他系统相连：与气路系统相连的进气口、与真空系统相连的排气口以及与下电极、传输腔相连的连接口、腔室压力探测口、测量口和观测口。工艺腔设计需要考虑内壁处理、几何结构对称、进气以及匀气装置结构设计，后两者关系到等离子体的均匀性。工艺腔是机台的中心系统，其他系统均与之相连。

4)进气与气路系统

进气与气路系统为工艺过程提供工艺气体，主要包括以下五类。

(1)刻蚀工艺气体。

(2)清洗气体用于基片刻蚀后的残胶去除与清洗腔室。

(3)吹扫气体用于对气体管道以及腔室的吹扫。

(4)工艺过程中辅助气体用于增加离子轰击等作用。

(5)冷却氦气用于基片背冷。

一般进气与气路系统会包含一个气柜，气柜的前端连接气源，后端连接腔室。

每一路气体典型地由质量流量控制器、气体管道以及控制阀组成，其中控制阀与质量流量控制器位于气柜中。气路系统的设计需要考虑工艺过程需求，进气口结构设计需要根据均匀性要求进行设计优化。

干法刻蚀系统中常用的气体种类如下。

(1)氟基气体：如六氟化硫(SF_6)、四氟化碳(CF_4)、三氟甲烷(CHF_3)、八氟环丁烷(C_4F_8)、三氟化氮(NF_3)等，这类气体主要用于刻蚀硅基材料，如硅(Si)、氧化硅(SiO_2)、氮化硅(SiN_x)等以及一些有机材料。

(2)氯基气体：如氯气(Cl_2)、氯化氢(HCl)、氯化硼(BCl_3)、四氯化硅($SiCl_4$)等，这类气体同样可以用于硅基气体的刻蚀，还可以用于金属材料以及Ⅲ-Ⅴ材料的刻蚀。

(3)氧气(O_2)：用于光刻胶的灰化工艺(Ash)、有机物的刻蚀以及腔室清洗。

(4)氩气(Ar)：只用于物理刻蚀。

(5)氦气(He)：用于刻蚀过程中的基片散热。

(6)氮气(N_2)：可以用于腔室以及气体管道的吹扫，也可以用作补充压力开启腔室气体。

(7)特气：这类气体如氢气(H_2)、甲烷(CH_4)等，这类气体在一些Ⅲ-Ⅴ以及Ⅱ-Ⅵ的刻蚀中会用到。

5)真空系统

真空系统主要有两个功能：一是实现传输腔与工艺腔室高低真空要求，二是实现工艺过程中工艺腔的压力控制。真空系统包括尾气排放、泵组、控压部件以及阀组。

对于主工艺腔而言，其真空系统由双极泵组成，其中高真空泵为分子泵，前级泵为油泵或者干泵。

6)下电极系统

下电极载片台是基片完成刻蚀的地方。下电极系统是整个机台的另一核心系统，是最为复杂的地方，因为这里是液体、电气与机械动作的汇处，需要实现液体密封、气体密封与射频绝缘和防护，同时还要求机械结构可以升降。

7)温度控制系统

机台的温度控制系统主要实现机台各部分的温度控制，一般有如下部分。

(1)腔室内壁。干法刻蚀过程中，刻蚀产物需要挥发并被泵组抽走，其中一些产物会在腔室内壁上沉积，这些沉积物在刻蚀过程中会脱落引起刻蚀缺陷。因而会给机台的内壁加热到一定温度，降低刻蚀产物在内壁上的沉积作用。

(2)基片温度控制。等离子体刻蚀中，由于带能离子对基片的轰击作用，基片表面温度会急剧上升。基片表面温度的变化会使刻蚀工艺变得不稳定；另外，通常材料的掩蔽层采用光刻胶(PR)，PR在140 °C左右会碳化，引起刻蚀的缺陷。故在刻蚀过程中需要对基片进行冷却控温，这类控温一般采用冷却器(Chiller)。

(3)气体管道与真空管路的温度控制。工艺气体组分中会有一份饱和蒸气压很低的气体，需要对气体管路进行加热。

此外还有两类特殊的工艺，衬底基片的控温方式截然不同。

(1)低温工艺。在硅的深刻蚀中会采用低温工艺，即将基片表面的温度控制在零下100℃以下，其控温的方式为液氮冷却控温。

(2)高温工艺。在Ⅲ-Ⅴ材料的刻蚀中，会遇上沸点很高的产物，常规工艺下，无法满足刻蚀需求，此时会采用高温工艺。该工艺的基片表面温度达到 100℃以上，采用加热丝对衬底表面进行温度控制，掩蔽层采用硬掩蔽材料。

8)自动控制系统

该系统用于实现自动控制功能，由以下两部分组成。

(1)硬件控制平台实现与机台各个系统部件间控制信号的物理连接。

(2)软件系统基于硬件控制平台实现机台自动化控制。

9)辅助系统

辅助系统主要包括以下部分。

(1)气动装置实现对所有气动阀的动力供应。

(2)电力系统负责整个机台的电力供应。

(3)急停机制(EMO)实现紧急制动以及警报指示。

用以进行实验的 ICP-RIE 整机原理图如图 6-29 所示，三维效果图如图 6-30 所示，实物图如图 6-31 所示。

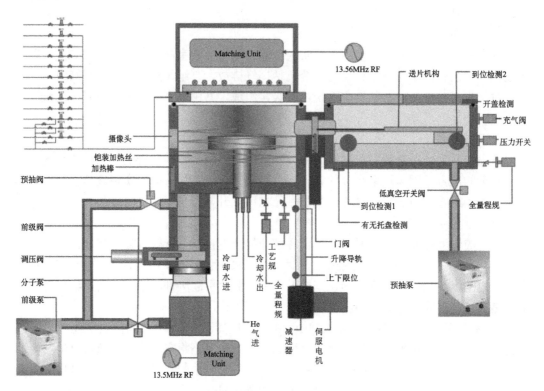

图 6-29　ICP-RIE 机台原理图

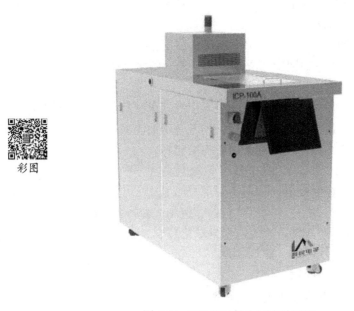

图 6-30　ICP-RIE 机台三维效果图

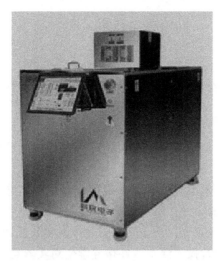

彩图

图 6-31　ICP-RIE 机台实物图

6.5　实验内容与步骤

6.5.1　实验内容

在教师的指导下，了解干法刻蚀相关知识，并让学生在教师的带领下了解 ICP-RIE 操作步骤和本次实验的流程。参照工艺说明及注意事项，逐步完成各道工序，并认真记录每一步操作的周围环境、注意事项，学习相关仪器的操作使用，最后得出实验结果。

示例实验使用的气体是 SF_6，刻蚀硅片的速度较快。实验将令 SF_6 在辉光放电射频条件下产生等离子体，与硅片反应形成生成物，再通过泵组抽离达到刻蚀的效果。本次实验要将带光刻胶掩蔽的晶片使用 ICP-RIE 设备进行刻蚀。在实验过程中，分别观察刻蚀前、刻蚀后的晶片并分析。

6.5.2　工作准备

在干法刻蚀工艺实验之前，需要对参与人员进行干法刻蚀机台的操作培训，按如下流程进行。

1. 人员实验准备

1）培训前学生准备

（1）学习并理解干法刻蚀的基本概念与基本原理。

（2）学习并了解 ICP-RIE 干法刻蚀机台的基本构成与基本原理。

2）实验前实际培训

（1）教师用 10min 时间，基于实际机台详细讲解 ICP-RIE 机台的基本构成，同时复习干法刻蚀相关的基本知识点。

（2）提出培训的目的与要求：了解实际机台构成与相关刻蚀原理；完成干法刻蚀工艺

并自行观察刻蚀结果。

2. 实验系统准备

本次实验要将带光刻胶掩蔽的晶片使用 ICP-RIE 设备进行刻蚀。因此在进行实验之前，需要通过光刻工艺进行刻蚀样片的工艺准备。在实验过程中，分别观察刻蚀前、刻蚀后的晶片并分析。

6.5.3　工艺操作

(1)带领学生走入中国科学院微电子研究所集成电路制造技术重点实验室微纳加工技术平台，针对实验室仪器系统，教师讲解掩模版制造工艺技术、光学光刻及纳米制造工艺(光学光刻部分)、激光曝光以及电子束曝光技术实验原理。

(2)由专业操控人员进行操作演示，并指导学生对实验结果进行观察。

6.5.4　实验报告与数据测试分析

(1)写出 RIE 刻蚀工艺的实验操作步骤。

(2)采用显微镜、台阶仪观测及测试刻蚀样片形貌特征，得出不同位置的刻蚀深度、计算刻蚀速率及工艺均匀性，并针对不同工艺条件进行对比分析与讨论。

(3)完成思考题。

6.5.5　实验注意事项

1. 安全警示

1)水电气

ICP-RIE 机台需要水电气的换气(水电气的作用具体可以参见第一部分中的相关原理部分内容)，其中：

(1)水。机台运行之前，确保循环水正常开启，并满足指定的水压与水流，循环水条件不满足，会引起部件发热，损坏设备。

运行过程中，时刻警惕机台循环水的泄漏，如果发生循环水泄漏要立刻将循环水关闭，并立即关闭机台。

(2)电。机台所用供电为 380V 强电，除了机台上的电源按钮外，禁止触摸机台中的电线线路。

(3)气。机台用气有以下两大类。

压缩空气(CDA)：这类气体用于机台的启动部件的动力，这是高压气体，防止高压气体对人体的物理伤害。

特气：机台上的工艺用气，具有易燃易爆以及腐蚀剧毒的特性，机台的工艺用气需要设备工程师通断，禁止操作人员触碰特气。如果发生特气泄漏，需立即切断气源，关闭机台，人员迅速撤离现场。

2)电磁辐射

(1)因为机台上有大功率射频源,机台进行工艺时,正常的射频辐射远远小于周围空间中的电磁波辐射。

(2)如果发现机台的射频辐射严重(如机台的屏幕或者通信部件受到串扰),需要立即关闭机台,联系设备工程师对机台进行维护检修。

3)热

机台上具有多个加热部件,加热温度甚至超过 100℃,机台正常工作时,禁止操作人员用身体触摸机台上标有防止烫伤标示的部位,如果被烫伤请立即就医。

2. 重要提示

1)机台操作

机台操作前需要经过培训,合格后,方可上手操作且操作需要严格按照机台操作说明进行。

2)机台异常与处理

如果机台出现异常情况,请按下列指示进行。

(1)机台 warning:当机台出现 warning 时,控制系统会自动提示异常情况,操作人员按照机台的提示进行相关操作即可。如果机台仍无法工作,请设备工程师协助解决。

(2)机台 alarm:当机台出现 alarm 时,机台运行过程中已出现错误,此时需要立即按下机台上 EMO 按钮,并联系设备工程师协助解决机台问题。

(3)机台控制系统宕机:机台的控制软件出现宕机时,不要采用 EMO 机制,手动强行终止机台控制软件的运行,等待 1min 左右,再次重启机台控制软件即可。

3)机台的其他情况,需设备工程师协助解决

4)实验过程中其他仪器或设备安全

设备过程中涉及的其他的仪器或设备操作按照相应仪器或设备的操作要求与安全提示进行,如有问题需要立即联系设备工程师。

5)净化间相关要求

实验过程中,需要严格按照净化间相关要求进行。

6.5.6 教学方法及难点

1. 教学目的

1)了解刻蚀的基本概念
(1)刻蚀。
(2)ER、SE、深宽比、均匀性与重复性。
(3)刻蚀的分类,湿法腐蚀的特点。
(4)干法刻蚀的分类,物理刻蚀与化学刻蚀的特点。
2)掌握等离子体相关知识点
(1)低温等离子体基本特征。

(2)等离子体鞘层产生与 V_{dc} 产生。

(3)等离子体刻蚀基本原理。

(4)等离子体刻蚀设备发展。

3)了解 ICP-RIE 的基本构成，以及各模块的作用

4)掌握 ICP-RIE 基本工艺参数的意义，以及与刻蚀结果的关系

2. 教学方法

首先由教师介绍刻蚀原理和仪器操作方法，然后介绍 ICP、RIE 刻蚀的实现过程及关注点，最后采用 ICP-RIE 刻蚀机台进行以下步骤的操作演示。

(1)刻蚀前对将要刻蚀的样片进行显微镜观测，记录观测数据。

(2)开机。打开循环水(两路)、压缩空气、电源柜电源开关；待计算机进入视窗界面，进入工艺操作软件，单击"真空"按钮开启泵组进行抽真空操作。将晶片放入腔室内，方向对准。

(3)抽真空。真空系统由两个泵组成，分别是前级泵和分子泵，与磁控溅射的体系相同。由于分子泵不能对大气工作，所以要在分子泵前加上前级泵，二者相互配合可以创造真空条件。首先要开启预抽阀，待腔内压力稳定以后，关掉预抽泵，打开前级阀，再开分子泵。

(4)ICP-RIE 系统操作都是自动开启。按"真空开启"键，真空条件具备后，右上角会有提示。

(5)工艺编辑设置参数。

对于 SF_6 气流量而言，理论上气体分子平均滞留时间与气体流量是成反比的，滞留时间越长，粒子的利用率就越高。对于特定数量的粒子而言，高利用率意味着刻蚀速率的增加，但高粒子利用率同样意味着低的粒子数量。因而刻蚀速率与流量的变化存在一个极值点。

对于功率而言，功率越高，刻蚀速率应该越快。因此仅改变气流量，其他参数不变，设置两组对比实验。

第一组：SF_6 气流量为 150sccm，功率为 70W，时间为 200s；SF_6 气流量为 100sccm，功率为 70W，时间为 200s；

第二组：SF_6 气流量为 200sccm，功率为 70W，时间为 200s；SF_6 气流量为 200sccm，功率为 140W，时间为 200s。

注意刷新确认。设置完成后，单击"运行"按钮开始运行设定工艺。

(6)达到设定好的工艺运行时间后，系统会自动停止。单击"真空"按钮停止抽真空，充气，取出晶片。真空停止时只能把高阀关掉，但此时真空系统仍然在工作，彻底关机以后分子泵才会慢慢停止。

(7)用显微镜观察完成刻蚀的晶片。

与刻蚀前的图片对比，可以看到两张完成刻蚀的晶圆片对比度更高，这是因为用的是正胶做的光刻，有图形的地方露出了硅衬底，经过刻蚀后，硅衬底被刻下去，光进入深沟槽后更难反射回来，表现出的图形更黑。

3. 教学重点与难点

(1)理解物理刻蚀、化学刻蚀与反应离子刻蚀的基本原理。

(2)等离子体刻蚀基本原理。

(3)反应离子刻蚀具有很好的各向异性的原理。

(4)等离子体中的反应正离子如何在自偏置电场中加速到能量轰击样品表面?

(5)低温等离子体中的鞘层产生与 V_{dc} 产生。

(6)ICP-RIE 设备原理与构成。

(7)ICP-RIE 基本工艺参数的意义。

(8)通过等离子体刻蚀可以得到图形化的硅片,观察前后图形,如直角、直线的变化,体会等离子体刻蚀工艺的优缺点。

4. 思考题

(1)查询资料解释射频匹配的作用及射频源反射功率(负功率)的产生原因以及危害。

(2)简要说明 ICP-RIE 机台的构成与原理。

(3)解释等离子体刻蚀基本原理。

第7章 离子注入工艺实验

7.1 常规离子注入工艺原理

7.1.1 离子注入概述

1. 掺杂[16, 128-131]

在半导体生产中,掺杂是有意将杂质引入本征半导体中,以调节其电、光和结构特性。经掺杂后的半导体材料被称为非本征半导体材料。掺杂原子可以在半导体中产生电荷载流子,可以为 P 型掺杂创建一个空穴,为 N 型掺杂创建一个电子。通常,上标的正负号用于表示半导体中的相对掺杂浓度。例如,n^+ 表示通常具有简并高掺杂浓度的 N 型半导体;p^- 指示轻度掺杂的 P 型材料。半导体材料硅的掺杂浓度一般为 $10^{13} \sim 10^{18} cm^{-3}$。

掺杂能够增加载流子浓度,会改变其附近的半导体的电导率。掺杂半导体会在带隙内引入允许的能态,还具有相对于费米能级移动能带的作用。这些技术广泛地应用于金属-氧化物-半导体场效应晶体管 MOSFET 的阈值调控中。非常重掺杂的半导体,其电导率可以与金属相媲美,并且经常在集成电路中用作金属的替代品。

集成电路工艺中,热扩散和离子注入是主要掺杂方法,用以改变半导体材料的电学特性。其中扩散考虑了原子级的掺杂物运动,基本上该过程是由于浓度梯度而发生的[71-74]。扩散通常采用扩散炉装备系统开展工艺。工艺过程中依靠高温,将掺杂原子扩散至样品,从浓度较高的杂质源开始梯度扩散,并且扩散过程中,掺杂的原子在晶格中以间隙原子或者空位的方式进行原子级移动来进行掺杂。这种方法受到了时间、温度等工艺参数的限制,难以精确地进行精准定量的扩散浓度与结深的控制。

2. 离子注入[16, 129-132]

离子注入是将杂质(掺杂剂)引入半导体的另一种技术,这是一种低温技术。在此过程中,高能离子束对准目标衬底,元素的离子被加速进入固体靶标,从而改变靶标的物理、化学、电学特性。离子注入涉及离子对衬底的轰击,并加速到更高的速度。

1958 年,Shockley 首次提出采用离子注入技术对半导体进行掺杂[132]。

一般来讲,高浓度深结掺杂采用热扩散,而浅结高精度掺杂采用离子注入技术。由于离子注入可以严格地控制掺杂量及其分布,而且掺杂温度低、横向扩散小、可掺杂的元素多、可对各种材料进行掺杂、杂质浓度不受材料固溶度的限制,所以离子注入技术目前已被广泛地采用。尤其是对于需要严格控制开启电压的 MOS VLSI 器件的负载电阻等,一般的热扩散技术已不适用,必须采用离子注入技术。

离子注入就是先使待掺的原子(或分子)电离,再加速到一定的能量,使之注入晶体中,然后经过退火使杂质激活,达到掺杂的目的。当高能量的离子进入晶体后,不断地与原子核及核外电子碰撞，然后逐渐损失能量，最后停下来。

离子进入单晶后的运动，可分为两种情况，包括沿着晶轴和远离晶轴方向运动[133]。

1）沟道

离子进入单晶后的运动，可分为两种情况。一种是沿着晶轴的方向运动，在晶格空隙中穿行，好像在"沟道"中运动一样，它和核外电子作用，使原子电离或激发，由于离子质量比电子大很多，每次碰撞离子能量损失很少，且都是小角度散射，散射的方向是随机的，多次散射的结果是离子运动方向基本不变。这种离子可以走得很远，称沟道离子。

2）结深

另一种是离子的运动方向远离晶轴，因此它们与原子核相碰撞，因两者质量往往是一个量级，一次碰撞可以损失较多的能量，且可能发生大角度散射，使得靶原子核离开原来的晶格位置。这时它变成一个新离子，可以继续碰撞另外的原子核，由于原子核的碰撞损耗较多能量，所以它们走的路径也相对较短。这段从进入晶体后与原子核碰撞而停止的距离就是结深。不同能量的离子，行走的距离也就不同，所以我们就可以通过调节离子能量的大小来控制制品的结深。

3）离子束角度

在实际的注入掺杂工艺中，为了提高注入的重复性，应尽量避免发生沟道注入，而使注入离子尽可能停留在晶格上。事实上，大部分的注入离子并不能正好处于晶格点阵上，这就必须控制好离子束与晶体主轴的角度。由于两者间的夹角比较难控制，所以注入时一般使离子束与晶体主轴方向偏 7°～10°，使大多数离子停留在晶格上。

4）激活

离子对原子核的碰撞，会使一部分原子核离开晶格位置，形成一个碰撞与位移的级联，在靶中形成无数空位与间隙原子，这些缺陷的存在将使半导体中的载流子的迁移率下降，少子寿命缩短，从而影响器件的性能。当注入剂量很大时（剂量单位：注入的离子数/cm^2），可使单晶硅严重损伤以至于变成无定形硅。因此离子注入后往往需要通过退火使靶材料恢复晶体状态，并且使注入的离子激活，即把不在晶格位置上的离子运动到晶格点阵上，起到电活性掺杂作用。

7.1.2　离子注入工艺过程

常规离子注入的主要工艺过程包括以下步骤。

（1）将某种元素的原子或携带该元素的分子电离成带电离子。

（2）在强电场中加速，获得较高的动能后，射入材料表层（靶）。

（3）改变材料表层的物理或化学性质。

离子注入过程是一个非平衡过程，高能离子进入靶后不断与原子核及其核外电子碰撞，逐步损失能量，最后停下来。停下来的位置是随机的，大部分不在晶格上，因而没有电活性，如图 7-1 所示。

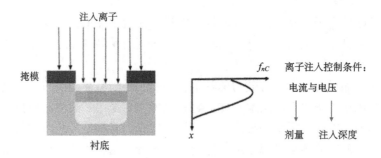

图 7-1　离子注入工艺原理示意图

7.1.3　束线离子注入

采用具有一定能量的离子束入射到材料中,离子束与材料中的原子或分子将发生一系列物理的和化学的相互作用,入射离子逐渐损失能量,最后停留在材料中,并引起材料表面成分、结构和性能发生变化,从而优化材料表面性能,或获得某些新的优异性能。

束线离子注入具有以下优点[133]。

(1)掺杂的均匀性好。

(2)低温工艺。

(3)可以精确控制杂质含量。

(4)可以注入各种各样的元素。

(5)横向扩散比纵向扩散要小得多。

(6)注入的离子能穿过薄膜。

(7)能以远超最大平衡值的浓度将杂质掺入固体中,无固溶度极限。

7.1.4　离子注入的原理、应用和特点

离子注入系统的组成如图 7-2 所示。

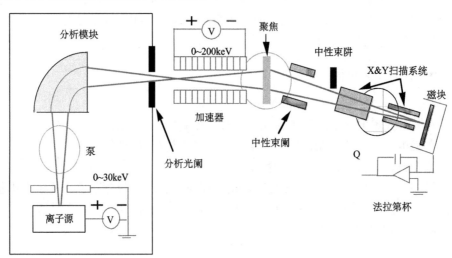

图 7-2　离子注入系统的组成

1. 离子源

自由电子在电磁场的作用下，获得足够的能量后撞击掺杂气体分子或原子，使之电离成离子，再经吸极吸出，通过聚焦成为离子束，然后进入束线部分。所以离子源就是产生有能量的离子束的地方。

1）作用

产生注入用的离子。

2）原理

高能电子轰击(电子放电)杂质原子形成注入离子。

3）类型

高频，电子振荡，溅射。

2. 分析模块和分析光阑(质量分析器)

1）作用

将所需离子分选出来。由离子源引出的离子流含有各种成分，其中大多数是电离的，在 BF_3 的例子中，我们仅仅需要拣选出 B^+，这样的过程通常由一个分析磁铁完成。

2）原理

带电离子在磁场中受洛伦兹力作用，运动轨迹发生弯曲，离子束进入一个低压腔体内，该腔体内的磁场方向垂直于离子束的速度方向，磁场对荷质比不同的离子产生的偏转作用不同，最后在特定位置设置一个狭缝，可以将所需的离子分离出来。

3. 加速器

1）作用

使离子获得所需的能量。

2）原理

利用强电场，使离子获得更大的速度。

4. 中性束阑和中性束陷

1）作用

使中性原子束因直线前进不能达到靶室。

2）原理

用一静电偏转板使离子束偏转 5°～8°再进入靶。

5. X & Y 扫描系统

1）作用

使离子在整个靶片上均匀注入。

2）原理

(1)靶片静止，离子束在 X、Y 方向进行电扫描。

(2) 粒子束在 Y 方向进行电扫描，靶片在 X 方向做机械运动。

(3) 粒子束静止，靶片在 X、Y 方向做机械运动。

6. 法拉第杯

1) 作用

收集束流测量注入剂量。

2) 原理

收集到的束流对时间进行积分得到束流的大小信息。

7.1.5　离子注入系统的主要参数

1. 核碰撞与电子碰撞理论

注入离子在靶内的能量损失分为两个彼此独立的过程，如图 7-3 所示。

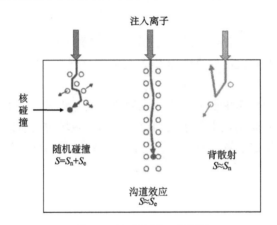

图 7-3　核碰撞原理示意图

(1) 核碰撞：注入离子与靶原子核之间的相互碰撞。

注入离子与靶原子的质量一般为同一数量级，每次碰撞之后，注入离子都可能发生大角度的散射，并失去一定的能量。

靶原子核也因碰撞而获得能量，如果获得的能量大于原子束缚能，就会离开原来所在晶格进入间隙，并留下一个空位，形成缺陷。

(2) 电子碰撞：注入离子与靶内自由电子以及束缚电子之间的碰撞。

这种电子碰撞能瞬时地形成电子-空穴对，如图 7-4 所示。两者的质量相差非常大，每次碰撞中，注入离子的能量损失很小，而且散射角度也非常小，也就是说每次碰撞都不会改变注入离子的动量，虽然经过多次散射，注入离子运动方向基本不变。

注入离子在靶内的总能量损失为核碰撞与电子碰撞的和。

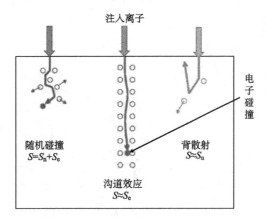

图 7-4　电子碰撞原理示意图

2. 核阻滞本领和电子阻滞本领

一个注入离子在其运动路程上任一点 x 处的能量为 E，则

核阻滞本领就定义为

$$S_n(E) \equiv \left(\frac{\mathrm{d}E}{\mathrm{d}x}\right)_n \tag{7-1}$$

电子阻滞本领定义为

$$S_e(E) \equiv \left(\frac{\mathrm{d}E}{\mathrm{d}x}\right)_e \tag{7-2}$$

根据 LSS 理论，单位距离上，由于核碰撞和电子碰撞，注入离子损失能量为

$$-\frac{\mathrm{d}E}{\mathrm{d}x} = S_n(E) + S_e(E) \tag{7-3}$$

注入离子在靶内运动的总路程（射程）：

$$R = -\int_{E_0}^{0} \frac{\mathrm{d}E}{S_n(E) + S_e(E)} = \int_{0}^{E_0} \frac{\mathrm{d}E}{S_n(E) + S_e(E)} \tag{7-4}$$

其中，E_0 为注入离子初始能量。

1）阻滞本领

经典两体碰撞法则：入射离子与靶原子碰撞时，电场相互作用，将动能转变为势能，该势能被离子和靶原子按照各自质量大小所瓜分，离子改变方向继续前行，靶晶格原子产生反冲，如图 7-5 所示。

两球发生正面碰撞时传输的能量最大：

$$E_{\mathrm{trans}} = \frac{4M_i M_t}{(M_i + M_t)^2} E \tag{7-5}$$

2）电子阻滞本领

能量损失的其他重要组成部分来自电子的作用，如图 7-6 所示。

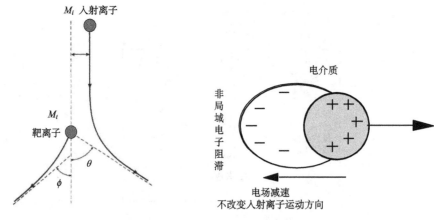

图 7-5　核阻滞本领原理示意图　　　　　图 7-6　非局域电子阻滞本领原理示意图

　　当离子静止时，周围电介质发生极化，当离子开始运动并达到一定速度时，极化场滞后于带电离子，对运动离子形成阻滞。该阻力正比于离子速率，如图 7-7 所示。

　　一个离子经过离晶格原子很近的地方，它们的电子波函数重叠，存在电荷和动量交换，离子能量降低并受到使之减速的力。这样的作用产生一个长程的局域电子阻滞，该阻滞取决于离子速度，如图 7-8 所示。

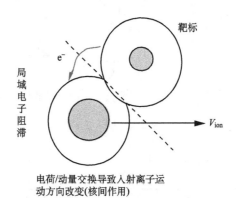

图 7-7　局域电子阻滞本领原理示意图

3. 投影射程

投影射程示意图如图 7-9 所示，有

$$R_p = \int_0^{R_p} \mathrm{d}x = \int_{E_0}^{0} \frac{\mathrm{d}E}{\mathrm{d}E/\mathrm{d}x} = \int_{E_0}^{0} \frac{\mathrm{d}E}{S_n/S_e} \tag{7-6}$$

其标准差：

$$\Delta R_p \cong \frac{2}{3} R_p \left[\frac{\sqrt{M_i M_t}}{M_i + M_t} \right] \tag{7-7}$$

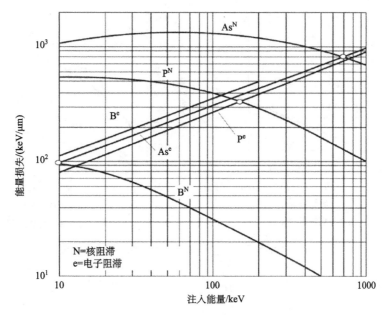

图 7-8 几种常见硅中注入杂质的核阻滞和电子阻滞[123]

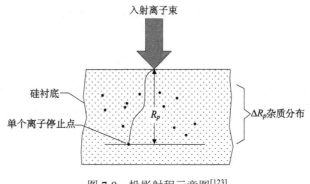

图 7-9 投影射程示意图[123]

其中，入射离子在半导体靶中行进的总距离是射程 R，该射程在垂直轴上（x 方向）的投影就是投影射程 R_p。

在能量一定的情况下，轻离子比重离子的射程要深并且标准偏差要大，如图 7-10 所示[123, 124]。

4. 离子分布

任何一个注入离子，在靶内所受到的碰撞是一个随机过程。即使能量相等的同种离子，在靶内发生每次碰撞的偏转角和损失能量、相邻两次碰撞之间的行程、离子在靶内所运动的路程总长度，以及总长度在入射方向上的投影射程（注入深度）都是不相同的。

如果注入的离子数量很少，它们在靶内的分布是非常分散的，但是如果注入大量的离子，那么这些离子在靶内将按一定统计规律分布。

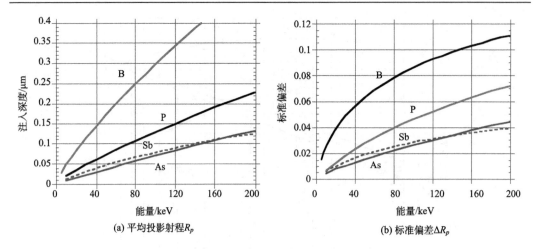

(a) 平均投影射程R_p　　　　　　　　　(b) 标准偏差ΔR_p

图 7-10　常用离子投影射程与标准偏差随能量的变化关系

一级近似下，无定形靶内的纵向浓度分布可近似地用高斯函数表示：

$$N(x) = N_0 e^{\frac{-(x-R_p)^2}{2\Delta R_p^2}} \tag{7-8}$$

$$N_0 = \frac{\Phi}{\sqrt{2\pi}\Delta R_p} \text{(peak-concentration)} \tag{7-9}$$

$$\Phi = \int_0^\infty n(x)\mathrm{d}x = \sqrt{2\pi}N_0\Delta R_p \tag{7-10}$$

其中，R_p 为投影射程；ΔR_p 为投影射程的标准偏差；Φ 为剂量。以上为浓度与深度的函数变化关系。由于离子注入过程的统计特性，离子也有穿透掩蔽膜边缘的横向散射，因此分布应考虑为二维的，既有横向也有纵向的标准偏差，如图 7-11 所示[133]。

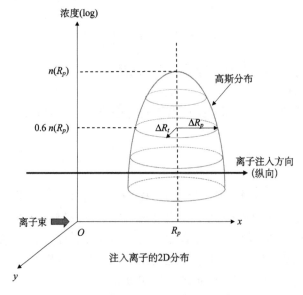

图 7-11　离子注入的二维分布示意图

5. 横向分布

$$N(x,y,z) = \frac{1}{(2\pi)^{3/2} \Delta R_p \Delta Y \Delta Z} \cdot \exp\left\{-\frac{1}{2}\left[\frac{y^2}{\Delta Y^2} + \frac{z^2}{\Delta Z^2} + \frac{(x-R_p)^2}{\Delta R_p^2}\right]\right\} \qquad (7\text{-}11)$$

其中，ΔY、ΔZ 分别为在 Y 和 Z 方向上的标准偏差。$\Delta Y = \Delta Z = \Delta R_\perp$，$\Delta R_\perp$ 为横向离散[134]。

通过一个狭窄掩模窗口注入的离子，掩模窗口的宽度为 $2a$，原点选在窗口的中心，y 和 z 方向如图 7-12 所示。

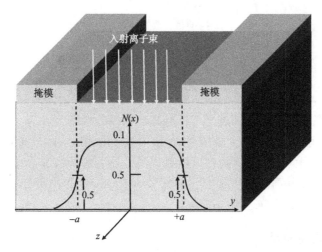

图 7-12　离子注入 y 和 z 方向分布示意图

横向分布有如下特点。

(1) 横向效应与注入能量成正比。

(2) 是结深的 30%～50%（扩散为 65%～70%）。

(3) 窗口边缘的离子浓度是中心处的 50%。

(4) 横向效应影响 MOS 晶体管的有效沟道长度。

6. 偏斜度与峭度

偏斜度与峭度 LSS 的理论呈标准的高斯分布，如图 7-13 所示，不同的杂质会不同程度地偏离对称的高斯分布[126]。

其非对称性常用偏斜度（Skewness）γ 表示为

$$\gamma = \frac{m_3}{\Delta R_p^3} \qquad (7\text{-}12)$$

其中，γ 为负值，表明杂质分布在表面一侧的浓度增加，即 $x < R_p$ 区域浓度增加。

畸变用峭度（Kurtosis）β 表示：

$$\beta = \frac{m_4}{\Delta R_p^4} \qquad (7\text{-}13)$$

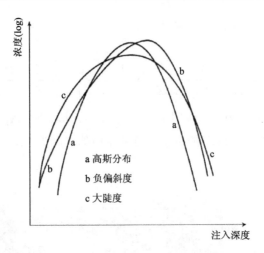

图 7-13 离子注入的近似高斯分布示意图

峭度越大，高斯曲线的顶部越平，标准高斯曲线的峭度为 β。

γ 和 β 的值则可以用蒙特卡罗模拟得到，或更直接地测量实际分布并对结果进行拟合。

硼注入硅中，因为硼比硅轻得多，所以出现了显著的背散射，使得硼分布的偏斜度是一个大的负值，尤其高能时更加明显。此时用 Pearson Ⅳ型分布（也称四差动分布，Four-moment Distribution）描述更为准确。

7.1.6 离子注入常见问题

1. 沟道效应和临界角

1）沟道效应

当离子入射方向平行于主晶轴时，将很少受到核碰撞，离子将沿沟道运动，注入深度很深。由于沟道效应，注入离子浓度的分布会产生很长的拖尾；轻原子注入重原子靶内时[133]，拖尾效应尤其明显，如图 7-14 所示。

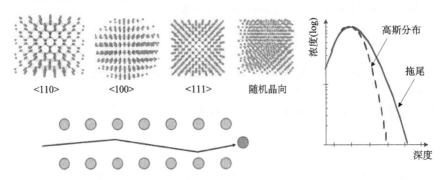

图 7-14 沟道效应示意图

2）临界角

临界角的计算公式为

$$\Psi = 9.73° \sqrt{\frac{Z_i Z_t}{Ed}} \qquad (7\text{-}14)$$

其中，E 为入射能量，单位为 keV；d 为沿离子运动方向上的原子间距，单位为 Å。

如果离子的速度矢量与主要晶轴方向的夹角 Ψ 比较大，则很少发生沟道效应。靶内某次的散射结果可能会使入射离子转向某一晶轴方向，但是由于这种事件发生的概率较小，因此对注入离子峰附近的分布并不会产生实质性的影响[133]。使用掩蔽膜层材料、衬底晶圆小角度倾斜、预先非晶化等是避免发生沟道效应的比较理想的方法，如图 7-15 所示。

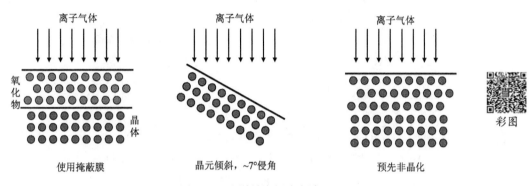

图 7-15　沟道效应解决办法

2. 注入损伤

1) 注入损伤的形成

离子注入技术的最大优点就是可以精确地控制掺杂杂质的数量及深度。但是，在离子注入的过程中，衬底的晶体结构也不可避免地受到损伤。离子注入前后，衬底的晶体结构发生变化，此结构变化与注入离子和衬底材料均有关。

（1）对于轻离子，开始时能量损失主要由电子阻滞引起，质量较靶原子轻的离子传给靶的原子能量较小，被散射角度较大，只能产生数量较少的位移靶原子，因此，注入离子运动方向的变化大，产生的损伤密度小，不重叠，但区域较大，呈锯齿状。

（2）对重离子来说，每次碰撞传输给靶的能量较大，散射角小，获得大能量的位移原子还可使许多原子移位。注入离子的能量损失以核碰撞为主。同时，射程较短，在小体积内有较大损伤。重离子注入所造成的损伤区域小，损伤密度大。

2) 消除晶格损伤

可以采用热退火的方法消除晶格损伤。

被注入离子往往处于半导体晶格的间隙位置，对载流子的输运没有贡献；而且也造成大量损伤。注入后的半导体材料情况如下。

（1）杂质处于间隙 $n \ll N_D$；$p \ll N_A$。

（2）晶格损伤，迁移率下降。

（3）少子寿命下降。

热退火的目的如下。

(1) 去除由注入造成的损伤，让硅晶格恢复其原有完美的晶体结构。

(2) 让杂质进入电活性 (Electrically Active) 位置，即替位 (Substitutional) 位置。

(3) 恢复电子和空穴迁移率。

热退火的过程是一个固相外延的过程 (SPE)，以未损伤的下面的衬底作为外延的模板，杂质与移位的衬底材料一同进入生长的晶格中。过程如图 7-16 所示。

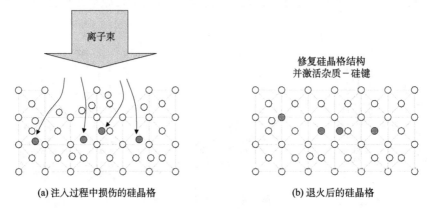

(a) 注入过程中损伤的硅晶格　　　　　　(b) 退火后的硅晶格

图 7-16　热退火过程示意图

注意：退火过程中应避免大幅度的杂质再分布。

对于高剂量情况，可以把退火温度分为三个区域，如图 7-17 所示[134]。

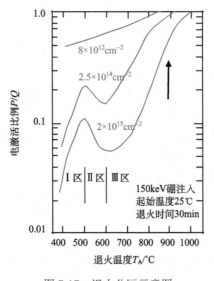

图 7-17　退火分区示意图

(1) 在区域 I 中，随退火温度上升，点缺陷的移动能力增强，因此间隙硼和硅原子与空位的复合概率增加，替位硼的浓度上升，电激活比例增加，自由载流子浓度增大。

(2)当退火温度在 500~600℃的范围内时，点缺陷通过重新组合或结团，降低其能量。因为硼原子非常小，和缺陷团有很强的作用，很容易迁移或被结合到缺陷团中，处于非激活位置，因而出现随温度的升高而替位硼的浓度下降的现象，也就是自由载流子浓度随温度上升而下降的现象，即逆退火特性(deactivation)。

(3)在区域Ⅲ中，硼的替位浓度以接近于 5eV 的激活能随温度上升而增加，这个激活能与升温时 Si 自身空位的产生和移动的能量一致。产生的空位向间隙硼处运动，因而间隙硼就可以进入空位而处于替位位置，硼的电激活比例也随温度上升而增加。

3. 浅结形成

在制造极小尺寸的器件时，必须减小结的深度，一般来说，源漏结的深度应该不大于沟道长度的 30%。

1)形成浅结的方式

(1)可以采用降低注入离子能量的方式，但是在低能情况下，沟道效应变得非常明显，增大了偏离角度。

(2)在低能注入时，离子束的稳定性是一个问题，由于空间电荷效应，离子束发散。解决办法是采用宽束流，降低束流密度，或者缩短或去除加速系统。

2)预先非晶化

(1)使沟道效应减小。

(2)完全非晶化层在退火后结晶质量较好，但是再结晶可能留下残余缺陷(EOR)。

3)主要工艺应用

离子注入主要应用于阱注入、注入能量(电压 V_T)调整、轻掺杂漏极、源漏离子注入、形成 SOI 结构。

(1)阱注入。

高能量(达到 MeV)，直接注入所需深度，无须再推进，减小横向扩散。

低束流(10^{13}cm^{-2})，阱注入杂质浓度低，在低掺杂阱中制备器件。

(2)V_T 调整的注入。

低能量，N 阱中注入一浅层硼 B，杂质补偿为 P 型，调整 pMOS 的 V_{Tp}。

低束流，达到反型即可。

P 阱中同样注入一浅层磷 P。

(3)轻掺杂漏极(LDD)。

低能量(达到 10keV)，浅注入。

低束流(10^{13}cm^{-2})，低浓度。

(4)源漏离子注入。

低能量(达到 20keV)，达到源漏深度即可。

高束流(>10^{15}cm^{-2})，高掺杂源漏层。

(5)形成 SOI 结构。

7.1.7　技术现状与发展趋势

离子注入作为器件设计中的最前端工作，随着器件尺寸的减小，以及极速增长成本的挑战，当前的离子注入技术已经严重限制了摩尔定律的延伸。目前而言，主要的离子注入机共分三大类：中电流离子注入机、高电流离子注入机和高能离子注入机。

(1)中电流离子注入机主要应用于剂量较低的制程,中电流离子注入机的离子束电流一般小于 10mA。

(2)高电流离子注入机可产生的电流最大约 15mA，较适合较高剂量的制程。

(3)中电流离子注入机和高电流离子注入机最高的能量只能达到 keV，而在最新的离子注入制程中，需要达到 MeV，高能量离子注入机的能量可以达到 MeV 以上，同时高能注入带来更大的灵活性，提高了亚微米器件结构的特性。其优点还包括低热负荷，IC 制作上工艺灵活性强。因此高能注入给 IC 制作带来更多机遇。

7.2　等离子体浸没注入工作原理

7.2.1　传统注入遇到的问题

集成电路进程中，器件尺寸缩小不仅会减小接触面积、增加接触电阻，而且会导致结变浅。特别是在最新的亚 5nm 集成电路尖端技术中，要求对三维纳米器件与结构的表面极薄层进行掺杂，对注入深度控制、注入层与表面形貌的一致性要求极高。

超浅结的形成是硅集成电路前端工艺中的重要考虑因素。离子注入仍然是将掺杂剂引入硅以形成浅结的首选方法。随着栅极长度减小到纳米量级，结深已经减小至原子量级，以最大限度地减小结漏电流。通过简单地减小离子在注入过程中的加速能量，可以使结变浅。而制作具有硅化物欧姆接触的硅晶体管的典型工艺流程中，存在两个问题，促使人们一直寻求替代方案。

(1)离子注入机中的束流通常随着加速能量的降低而下降;较低的电流会降低注入机的产量，从而增加每片晶圆的成本。

(2)瞬态增强扩散(TED)，其中离子注入损伤会大大降低掺杂剂的扩散性，这使得形成浅结变得越来越困难。

7.2.2　等离子体浸没注入概述

等离子体浸没注入即等离子体浸没离子注入(Plasma Immersion Ion Implantation)，简称 PIII，或 PI[3]。等离子体浸没离子注入有如下优点。

(1)相对于传统注入工艺，浸没离子注入能够实现产能的提升。

(2)相对于传统浸没式注入工艺,大剂量低能浸没离子注入还能够在大剂量低能量的条件下实现超浅结的制备。

采用该方法的注入能量较低、注入剂量率较高、处理面积较大、设备简单、处理时间短、处理成本较低。因此等离子体浸没离子注入是低能量、保形、大剂量掺杂技术的优选方案。

如图 7-18 所示，等离子体浸没注入是将样片直接浸没在等离子体中，当基片台加负脉冲偏压时，在电子等离子体频率倒数 ω_{Pe-1} 的时间尺度内，基片表面附近等离子体电子被排斥，正离子被吸引形成离子鞘层。随后离子被加速注入基片中，同时，等离子体的鞘层边界向等离子体区域推进，暴露出来的新离子又被提出来，鞘层随着离子的运动而扩张，在更长的时间尺度内，等离子体鞘层演变成稳定的蔡尔德鞘层。在等离子体注入过程中伴随着刻蚀、溅射以及沉积等附加效应。

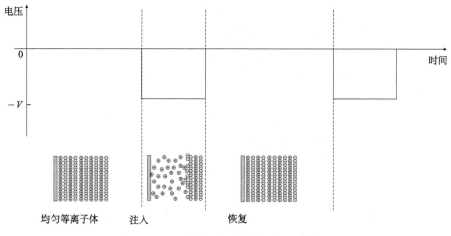

图 7-18　等离子体掺杂注入模型[127]

而在 PIII 中，因为省略了离子源和离子束的提取、聚焦以及扫描等中间阶段，靶浸没在等离子体中，在靶上所加的一系列负高压脉冲的作用下，离子可以直接从等离子体中被提取并加速注入靶中。基本的等离子体掺杂采用将基片浸没在等离子体中，并在基片上加负脉冲偏压的方法进行注入。负偏压的作用在于吸引带正电的离子而驱逐带负电的电子，脉冲的作用是补充注入鞘层内的正离子，从而消除基片上的电荷积累，从而避免形成电弧放电及对基片的电特性造成影响[135]。

但是，该技术需要每个脉冲具有优于微秒量级的下降沿，用以避免注入过程中的能量不一致性，这对于脉冲电源的性能是极大的考验。相比于高能情况，低于 keV 量级的超低能注入会形成更大的鞘层电容。也就是说，在相同的负载条件下，低能注入比高能注入充电的鞘层电容更大，但是这则有更快的下降和上升沿电源等苛刻要求。

7.2.3　等离子体浸没注入的装置组成及原理

如图 7-19 所示，PIII 主要由主腔室、等离子体发生装置、真空泵、脉冲发生器、气体源组成。首先工艺气体在主腔室中被激发成等离子体。将样品浸没在等离子体中，当样品上外加负脉冲偏压时，由于电子质量远小于正离子的质量，电子立刻被排斥而远离样品，使样品周围留下一个正离子鞘层，随后正离子鞘层中的正离子在负脉冲偏压的作用下加速注入样品中。

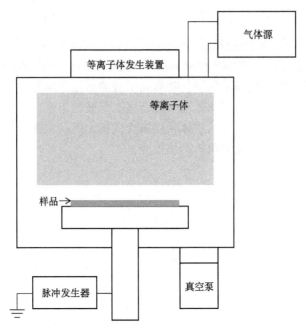

图 7-19　离子注入装置结构图

7.2.4　等离子体浸没注入应用

相比于传统的束线离子注入，等离子体浸没注入的主要优点如下。

(1)较低的注入能量。

(2)较高的注入剂量率。

(3)较大的处理面积。

(4)设备简单。

(5)处理时间短。

(6)处理费用低。

基于以上优势，相关技术可以实现表 7-1 中的多种应用。

表 7-1　不同掺杂技术应用及性能比较

应用	热扩散	束线离子注入	等离子体浸没注入
超浅结	无法实现	超浅结需要低能注入，此时离子加速飞行时间长，轨迹发散，注入一致性差。国际先进设备可有效降低此影响，但造价高昂	能量直接加载在晶圆上，靠瞬间形成的等离子体鞘层注入，飞行轨迹不发散，一致性较好，且成本低
三维 IC 保形掺杂	形貌不可控，无法实现	采用多角度注入方式实现三维注入，但是器件顶部多次注入后剂量淤积，且其整体器件的分布不均匀	由于能量直接加载在晶圆上，等离子体鞘层与晶圆表面形貌一致，故而可以实现完全保形的三维结构器件注入，技术简捷有效

等离子体浸没注入的具体应用还包括以下几方面。

1. 亚 10nm 深度的小曲率半径三维纳米结构保形注入

以 FinFET 晶体管为代表的三维器件工艺进程与传统的工艺流程匹配良好，凭借其结构的特殊性拥有良好的器件性能，能够满足集成电路工艺节点在 22nm 以下的器件性能的要求。然而针对目前 22nm 以下主流 3D 器件的 IC 保形掺杂，虽然常规掺杂流程束线离子注入可采用高成本的多角度注入方式实现三维注入，但是器件顶部多次注入后，剂量淤积且整体器件的分布不均匀。

基于等离子体放电模型流体动力学分析，通过多物理场建模探索影响等离子体重要参数的腔室结构以及工艺条件，可以得到能够满足等离子体超低能浸没注入的最优条件。该技术由于能量直接加载在晶圆上，等离子体鞘层与晶圆表面形貌一致，故而可以实现完全保形的三维结构器件注入，技术简捷有效，降低了设计以及工艺成本。

2. 反应离子注入制备硅表面纳米结构

根据正离子能量及离子注入理论模型，可根据施加在样片的脉冲偏压精度估算注入能量精度，使用等离子体浸没注入技术在硅片表面形成纳米结构，俗称制绒。该工艺中生成的孔状或针状组织实现了绒面材料的低成本、高效率可控制备。利用等离子体浸没注入可以实现黑硅太阳能电池等应用制备。

3. 纳米材料改性

表面增强拉曼光谱技术 (SERS) 作为一种新型的衡量分析技术，在探测器的应用和分子检测方面有着巨大的发展潜力。从 SERS 电磁场和化学增强的机理研究入手，围绕着对探测能力有决定作用的研究热点——SERS 基底芯片，采用低能等离子体浸没方法可以开展三维纳米线阵列结构成型研究。实验已证明，该注入显著增强了 SERS 衬底的拉曼活性。

4. 二维材料可控减薄

石墨烯等二维电子材料的优异性可能使碳基时代到来，针对高质量纳米薄膜的大面积制备等关键问题，利用浸没式氧等离子体表面修饰可以实现大面积石墨烯可控制备，将多层较厚的石墨烯，逐原子层地转变为寡层甚至单原子层石墨烯。该方案通过惰性气体氛围等离子功率等参数调整，使石墨烯减薄速率在 1～6 层/min 精确可控。该方法与传统的 CMOS 制造工艺相兼容，使得通过控制原子层数来调制石墨烯的性能成为可能，是一种有效的宏量和大面积制备石墨烯的新方法。

7.3　实验设备与器材

7.3.1　实验环境

本实验示例安排在中国科学院微电子研究所微电子仪器设备研发中心"特种微系统

技术加工平台"，该平台拥有研发实验室面积约 1600m² (净化面积约 680m²)。拥有近 30 年的技术积累，已围绕集成电路及泛半导体装备领域需求，构建了集先进制造工艺研发、新原理器件、半导体成套设备开发于一体的完整研发体系。该平台超净区域配备有注入机等系列半导体相关学科的专业教学仪器，以及相关水路、气路、真空配套系统。净化区实验安排以实践教学为主，整个教学过程由师生共同参与，双向互动开展实践教学。

7.3.2　实验仪器

教学设备为 PIII-200 型等离子体浸没式离子注入机，它是一种注入速率高、加工精度高的新一代浸没式注入机。它采用感性耦合的方式，由一组大功率的射频激励电源通过感应耦合在反应室内产生高密度等离子体，另一组脉冲偏压电源引导离子垂直于样品运动并注入样品内部，从而达到大剂量低能注入和低损伤的目的。整个系统的实物图片如图 7-20 所示。

彩图

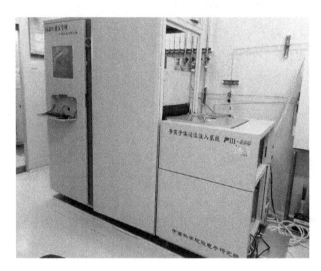

图 7-20　PIII-200 型等离子体浸没式离子注入机

教学仪器主要配置和指标如下。

(1) 激励电源：13.56MHz，1500W；带匹配器和功率计。1 台。

(2) 注入偏压：0～5kV；带定时器。1 台。

(3) 真空系统：1200L/s 分子泵、8L/s 机械泵各 1 台。带真空计。

(4) 反应室尺寸：ϕ300mm。

(5) 气路系统：3 路进气(其中 2 路可作清洗)；3 个质量流量计，3 路显示。

(6) 可加工片子尺寸：ϕ100mm 以内。

7.3.3　仪器操作规程

1. PIII 型等离子体浸没式离子注入机开机及注入

(1) 开冷却水、开电。

(2)(确保真空计关)充气、开盖、放片。

(3)开机械泵、开预抽、开真空计。

(4)(压强<5Pa 以后)关预抽、开前级、开高阀。

(5)(压强<5Pa 以后)开分子泵，待稳定 400n/s，开 RF 源和偏压源预热，等待达到本底真空要求。

(6)开特气柜上的 2 个启动阀、开特气柜内的两个蓝阀(平行为开，垂直为关)。

(7)按下 RF 源的"ON"键，气体放电产生等离子体。

(8)调偏压源，先于"SET"处输入脉宽值，按"ENT"键后，调节偏压大小。

(9)启动时间控制器，注入计时开始。

(10)注入时间到后按 RF 源的 OFF 键，结束放电，bias 源电压调节调为 0。

(11)关特气柜上的 2 个启动阀、关特气柜内的两个蓝阀(平行为开，垂直为关)。

(12)待真空度到达本底真空。

(13)关高阀(确保关死，否则易破坏分子泵)、充气(确保真空计关)、开盖、取片、关盖。

(14)关前级阀、开预抽阀。

(15)(气压<5Pa 后)关预抽阀、开前级、开高阀，待气压达本底真空要求，重复步骤(6)～步骤(15)。

2. 关机

(1)一次注入完成后，关高阀、按分子泵"停止"键，分子泵转速由 400r/min 变为 0。

(2)关前级、关分子泵电源、关机械泵。

(3)关电源开关、关冷却水。

7.4　实验内容与步骤

7.4.1　实验内容

(1)学习并理解离子注入及掺杂的基本概念和基本原理。

(2)学习并了解 PIII 型等离子体浸没式离子注入机台基本构成与基本原理。

7.4.2　工作准备

1. 人员实验准备

(1)了解实验原理，熟悉 PIII 注入设备。

(2)进入超净间前穿好超净服，戴好头套和鞋套，进入之前还需全身吹淋。

(3)检查设备仪器状态是否良好。

(4)掌握操作步骤，谨记实验注意事项，注意实验安全。

2. 设备系统准备

(1)开启设备前，确认设备连线是否正确。

(2)检查所有实物机台是否已通电；水冷系统是否为打开状态，以及水是否充足；气源是否为打开状态。

(3)开启真空，检查气表压力是否正常。

7.4.3　工艺操作

(1)教师带领学生按照要求检查全部安全准备工作是否完成。

(2)教师讲解 PIII 型等离子体浸没式离子注入机台的操作要求，并亲自操作演示。

(3)教师让学生根据要求进行一次 Ar$^+$离子注入操作，并指导学生对前期已经完成注入的样品及退火后的注入样品结果进行检测观察。

7.4.4　实验报告与数据测试分析

(1)写出等离子体浸没注入的实验操作步骤。

(2)采用显微镜观测不同注入条件下的薄膜形貌变化，并采用四探针电学检测装备测试注入电学性能的均匀性并分析讨论。

(3)完成思考题。

7.4.5　实验注意事项

注入机是一种既复杂又比较危险的设备，因此在操作时必须十分注意安全。

1. 危险等级

在注入机中需要了解不同等级的警示标志，一般分为三种：危险、警告和注意。

(1)危险：产生严重的危害，将会造成人员的重伤甚至死亡。

(2)警告：有可能产生危险，它也将造成人员的伤亡。

(3)注意：有可能产生危险，造成较轻的人员伤害或设备损坏。

2. 危险种类

(1)高压电击：GSD200E2/160 的对地最高电压为 180kV，它将严重灼伤人体或者使人触电。

(2)机械损伤：在终端台的部位有很多运动部件，如果靠近，运动部件会划伤人体、四肢。

(3)化学蚀伤：这主要是指离子源的气体源或固体源，以及设备内部化学残留物。

(4)磁场辐射：分析磁铁产生的强磁场会干扰电子设备的正常工作。

(5)X 射线辐射：带有能量的两次电子会产生强烈的 X 射线，一旦泄漏将会危及人们的身体健康。

(6)高温烫伤：离子源部分以及泵等在运行过程中会产生很高的温度，如果人体触及这些部位将会造成烫伤。

(7)有毒气体吸入：离子部分的有毒气体，或吸附在真空泵内，真空腔内有毒气体的释放会危及人们的生命和健康。

(8)爆炸：受高温、高压的影响，或者释放的氢气，如果碰到火星将会发生爆炸。

(9)火警：设备中的易燃物质，如离子源中的磷，在一定的外界条件影响下发生燃烧。

(10)有毒物品：有毒物品一方面来自离子源，另一方面来自设备中有毒物品的沾污。

(11)重物挤压：在安装设备或保养时，有些部件很重，搬运时不注意就会被压伤或砸伤。

7.4.6　教学方法与难点

1. 教学目的

(1)掌握离子注入的原理以及离子注入技术的应用。

(2)掌握电子碰撞和核碰撞以及在离子注入过程中的离子分布。

(3)掌握离子注入过程中碰到的问题及解决方法。

(4)掌握离子注入系统的组成部分、工作原理和主要概念。

(5)了解目前主流的离子注入机以及离子注入技术的发展趋势。

(6)了解等离子体浸没注入机的基本结构、原理及操作流程。

2. 教学方法

(1)教师用 15min 时间，基于实际机台详细讲解 PIII 型等离子体浸没式离子注入机台的基本构成，同时复习离子注入机掺杂相关的基本知识点。

(2)提出培训的目的与要求：了解实际机台构成与相关刻蚀原理；完成离子注入工艺并自行观察刻蚀结果。

3. 教学重点与难点

(1)离子体注入基本原理。

(2)注入计量、离子射程、投影射程等系列离子注入参数。

(3)PIII 型等离子体浸没式离子注入设备原理与构成。

(4)PIII 型等离子体浸没式离子注入机基本工艺参数的意义。

4. 思考题

为什么人们不试着通过利用沟道效应以较低离子能量来形成很深的掺杂界面？

第8章 工艺集成及微机电系统

8.1 微机电系统概述

8.1.1 微机电系统简介

1. MEMS 的定义与发展[136-142]

MEMS(Microelectromechanical Systems 或者 Micro-Electro-Mechanical Systems)代表的是微机电系统,以及相关的微机电和微系统构成的微观系统技术,特别是那些具有运动部件的系统。在纳米领域,这种技术被称为纳米机电系统(Nanoelectromechanical Systems, NEMS)和纳米技术(Nanotechnology)。MEMS 在日本也被称为微机械(Micro-machines, MM),在欧洲也被称为微系统技术(Micro-System Technology, MST)[141]。带有光学系统的 MEMS 被称为微光机电机系统(Micro-Opto-Electro-Mechanical-Systems, MOEMS)。

MEMS 利用晶圆的独特机械特性来集成能够感应的加速度、旋转、角速度、振动、位移、航向以及其他物理特性,并使用专有的微加工工艺来制造。这些工艺多共享自集成电路技术衍生的工艺步骤,这些步骤产生了一个结合了电路和三维机械结构的电路系统。这些技术能够使系统小型化,并在传感器、制动器、机器人技术、流量控制、定位系统组件以及许多其他传感器和执行器中获得广泛应用,适用于航空、航天、海陆运输工业、生物技术和消费电子产品。

1962 年,Honeywell 公司首次利用各向同性微加工工艺制造出了 MEMS 硅压力传感器[103]。在 20 世纪 60~70 年代,以美国为代表的多个国家陆续开发出了多种微加工工艺技术,尤其是针对硅这种半导体材料的工艺技术,包括硅的各向异性湿法腐蚀、硅玻璃阳极键合、杂质梯度腐蚀等具代表性的体硅工艺技术。

到 20 世纪 80 年代,美国的 Rockwell 联合 Rockwell VLSI 实验室,首次成功地制造出用于太空的 MEMS 高性能加速度计芯片,这直到 1988 年才出现在文献报道中[101],并引发了轰动的媒体效应,同时开发了许多用于测量物理、化学、生物学和环境参数的微传感器。同时期的美国国家科学基金会(NSF)同多名科学家一起,编辑了《小型机器,大机遇:关于微动力学新兴领域的报告》,并召开了会议,同时提出了 MEMS 的学术概念,如图 8-1 所示。

如图 8-1 所示,在日本 MEMS 倾向于微机械。日本的国家 MEMS 中心给出了这样的定义:微机械是一种非常小的机器,由非常小(几毫米或更少)但高度精密的功能元件组成,使其能够执行微小而复杂的任务(A micromachine is an extremely small machine comprising very small(several millimeters or less)yet highly sophisticated functional elements that allow it to perform minute and complicated tasks)。而欧美国家微机电系统通

常指由微机械和微电子线路组成的微系统。其中 Micro-Electro-Mechanical Systems 就是美国的惯用词。

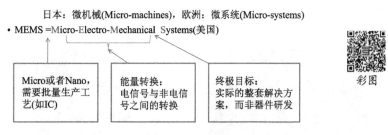

图 8-1　微机电系统的概念解析

这些国家虽然有的强调机械，有的强调系统，但是它们都以微小(micro)为特征。这些微系统中有用 MEMS 技术制作的器件或系统，有通过机械或机电方式工作的器件或系统。信号中至少有一个量是机械量，如位移、温度、流量、速度、加速度等。

到 20 世纪 90 年代，基于反应离子刻蚀(RIE)技术的多层连续块材料制造工艺成功地应用于多种微光学系统的研发中，包括硅焦平面的微透镜、薄膜微透镜阵列、光束转向系统等。1993 年，Motamedi 博士在圣地亚哥举行的 SPIE 光学科学与技术评论大会上的受邀演讲中，首次正式引入 MEMS，将 MEMS 和微光学技术紧密结合在一起[142]。

2. 微机电系统的特点

微机电系统的尺寸小，主要是指可将系统整体缩小，如图 8-2 所示。同时多种器件还具有智能(能够将力、热、磁和化学信息转换为电子信号)、高度集成(可采用微电子工艺集成于芯片)、可靠性、安全、功耗低、绿色环保等特征。其中，因为机械部分的缩小

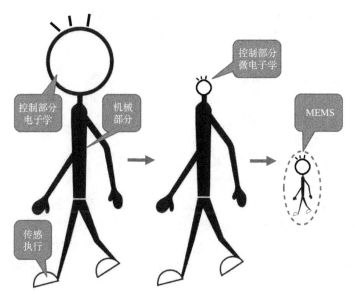

图 8-2　微机电系统是将系统整体缩小

是整个系统缩小的最大瓶颈，如图 8-3 所示，所以很多 MEMS 器件加工技术并非机械式，而采用类似于集成电路批处理式的微制造技术，也能显著地降低大规模微机电系统器件生产的成本[143, 144]。

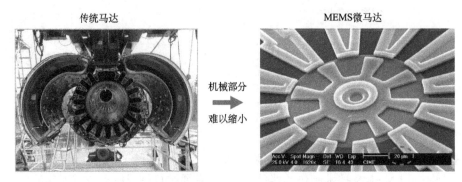

图 8-3　机械部分的缩小是整个系统缩小的最大瓶颈

8.1.2　MEMS 学科分类

MEMS 技术是一种典型多学科交叉的前沿性研究，涉及各种领域的自然及工程科学，如电子、机械、物理、化学、生物医学、材料科学、能源科学等。一般来说，MEMS 特征尺寸在微米量级或以下达到纳米量级（NEMS），这区别于一般的宏观（Macro）机械。尺寸的缩小，会带来一些尺寸效应（Scaling Effects），包括宏观物理特性改变，以及由此造成的理论基础变化，如微结构学、微动力学、微光学、微热力学、微流体力学、纳米表面摩擦学等。

用微电子技术可以制造的微小机构、器件、部件和系统等，都属于 MEMS 范围，有关的科学技术也都可以统称为 MEMS 技术。MEMS 技术基础包括设计与仿真技术、材料与加工技术（高深宽比、多层微结构）、封装与装配技术、测量与测试技术、集成与系统技术等多种类技术。

按照不同方法，可对 MEMS 系统及器件进行以下分类。

（1）机械：加速度计、陀螺仪、马达（Motor，也称发动机）、机器人、喷气发动机、泵、扬声器、环振、阀门、开关等。

（2）热：温度、红外成像等。

（3）化学：酸碱传感器、成分传感器、浓度传感器等。

（4）光：镜面、光栅、通信、图像传感等。

（5）生物：生命探测器、机器人、智能注射器、DNA 芯片等。

MEMS 相关公司有多种规模，较大的公司专门为汽车、生物医学和电子产品等终端市场生产大批量廉价零件或包装解决方案。而较小的公司则提供创新解决方案，并以高利润率获取定制的费用。各公司都会在研发方面进行投资，以探索新的 MEMS 技术。

8.1.3 体、表面微机械加工技术

MEMS 的制作主要基于两大技术：半导体工艺技术和微机械加工技术。无论是基于半导体工艺还是基于微机械加工的微细加工技术都是微机电系统技术的核心技术。传统制造业大量依赖已有几十年甚至上百年历史的机械设备和有关的工艺，如铸造、锻造、车削、磨削、钻孔和电镀等。这些设备及工艺与大量其他物理和化学手段及工艺均成为构建一个综合的制造环境所必不可少的基础，它们在半导体工艺技术及集成电路产业中也具有一些相应的替代技术。

按照加工材料分类，微机械加工技术包括硅基和非硅基的微机械加工。按照加工类型，微机械加工包括体、表面和复合微机械加工，而且它们通常在工艺中会同时使用。迄今为止，研发的多种微机电系统（器件）都包含硅表面微机械加工技术的单元，或者说绝大多数 MEMS 器件都借助了硅表面微机械工艺来实现设计和制造。利用半导体器件制造技术的方法，不仅可以高精度地控制机械结构的关键尺寸，还可以并行批量制造和生产。

但是，这种方法制造的机械结构基本上以二维为主，因为机械结构的厚度受限于沉积薄膜的厚度，这使得微型元件结构层越多，布局问题、残余应力问题越难解决。随着等离子体深刻蚀、电化学等体微机械加工技术的发展和完善，已经可以相对容易地制造更高质量的复杂结构三维零部件。

8.2 典型 MEMS 器件工作原理

8.2.1 MEMS 器件分类

因为 MEMS 具有智能制造能力，它为运输、移动性、健康和安全性中的新应用程序与服务提供了环境。阿里巴巴和谷歌等很多大型公司都将 MEMS 作为其业务解决方案领域的关键要素，这些领域涵盖智能家居、智能园区、智能城市和智能行业应用。

得益于工业和医疗应用的蓬勃发展以及 MEMS 代工厂的良好表现，意法半导体、Teledyne DALSA、Silex、IMT、Micralyne 和飞利浦创新服务公司等重要的 MEMS 代工厂，为医疗和工业市场中使用的各种 MEMS 器件提供服务。MEMS 的工业应用有喷墨头、测微辐射热计和压力 MEMS 驱动。另外，医疗应用目前主要由本领域的微流体、流量计、压力和惯性 MEMS 驱动。同时，对于崭新的 5G/6G 基础架构而言，迫切需求 RF MEMS 和 MEMS 振荡器，MEMS 市场前景同样非常广阔。

MEMS 设计和技术从根本上提供了应用扩展范围，包括在电学领域之外的物理、机械、化学和生物等领域，具体如下。

（1）物理传感器：基于各种物理原理如加速度、旋转、速度、压力、应力、温度的微米和纳米级传感器，从固体或气体机械位移到膨胀/收缩，再到原子自旋重新定向。

（2）化学传感器：微米和纳米级的液体与蒸气传感器，使用各种方法来降低误报率并最大化灵敏度，从微米级色谱到纳米机械共振重量传感器，到大型平行离子阱质谱仪，

再到光声 IR 等光谱法。

(3)生物传感器：用于血糖、疾病、病毒、DNA 分析及其他生物分析物的微米和纳米级传感器，采用了诸如电泳、微型泵和阀以及细胞分选通道等机制与概念。

(4)微机械信号处理器和 RF MEMS：用于频率生成和滤波、混合、放大和计算的微机械电路与机制，用于(无线)通信、天线、A/D 转换器、存储器和逻辑等应用。

(5)光学 MEMS：光谱传感器和分析工具、光学平台、芯片级原子钟的微型概念与机制，采用的技术包括微型透镜、光栅、镜子、热隔离万向架、片上激光器(如 VCSEL)、机械光电探测器/电子计数器。

(6)微流控：用于移动(即泵送)、混合和反应流体的微米与纳米级机制及技术，用于诸如微化学反应器的应用，燃料电池，微引擎和其他发电设备，化学、生物和物理传感器；高效的片上加热和冷却等。

(7)生物 MEMS：微观和纳米尺度的形态发生、神经刺激、细胞询问、脑机界面和人工耳蜗机制，采用定向进化技术，自下而上构建的生物电路，用于空间控制生物输入的阵列式微型注射器变量(即燃料)。

(8)微型机器人：毫米级移动自主系统的设计、仿真和制造技术；有效驱动能量清除、存储和转换、运动机制、系统整合。

8.2.2　压力传感器

压力传感器(Pressure Sensor)是一种用于测量气体或者液体的压力测量装置，通常采用电信号或者其他形式的输出信号来表征所施加的压力[145]。压力传感器基本类型包括应变片式、陶瓷式、扩散硅式、硅-蓝宝石式和压电式等多种。例如，压阻式压力传感器利用结合的或形成的应变片的压阻效应来检测由于施加的压力所引起的应变，随着压力使材料变形，电阻会增加。常见的技术类型是硅(单晶)、多晶硅薄膜、键合金属箔、厚膜、蓝宝石硅和溅射薄膜。通常，在应变片上布置连接起来形成惠斯通电桥的电路，以最大化传感器的输出并降低对误差的敏感性。这是用于通用压力测量的最常用的传感技术。

压力传感器可以说是最成熟、最早开始的 MEMS 产业，可以应用于发动机内部燃烧压力测量，例如，火炮堂内压力测试；汽车安全气囊系统应用，以及枪炮子弹击发膛压变化、冲击波压力等军工应用；生化也是这种可集成的 MEMS 传感器的重点应用领域，如心室导管式微音器，还有指套式电子血压计。

回顾压力传感器的发展历史可以看到，1954 年已经探索出 Si、Ge 等材料的压阻效应；1966 年开始，材料机械研磨等方案用硅材料做腔结构；1970 年发展为采用各向同性腐蚀的方法制作硅腔；到了 1976 年，采用 KOH 溶液的湿法腐蚀工艺来实现更为可控的硅腔室制备，这已经是 MEMS 加工手段了。到了 20 世纪 80 年代，随着干法刻蚀等半导体工艺技术的发展，出现了集成式压力传感器。目前，各种新机理压力传感器的研发也不断涌现。

以硅压阻式压力传感器为例，采用周边固定的方形应力薄膜来进行压力测量，从有限元仿真结果可以看到，方形薄膜的四条边界中点处是应力最大处，如图 8-4(a)所示。因此可以采用 MEMS 相关技直接将 4 个高精度半导体应变电阻制备于薄膜表面应力最大处，组成惠斯通测量电桥，如图 8-4(b) 所示，作为力到电变量的检测电路。惠斯通电桥这种力电变换测量电路精度高(0.05%～0.01%)，功耗低(如无压力变化，其输出为零，几乎不耗电)，非常适合 MEMS 传感器压力检测。

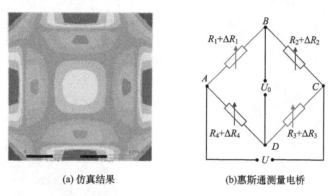

(a) 仿真结果　　　　(b)惠斯通测量电桥

图 8-4　方形应力感测薄膜有限元仿真结果[146]和惠斯通测量电桥

压阻式硅基压力传感器的结构如图 8-5 所示，硅片中部做成一个空腔结构应力杯，其中应力硅薄膜上部的空腔使其成为一个绝压压力传感器，当外部施加压力时，表层的应力感受薄膜会因受压，产生弹性形变，从而造成薄膜边缘的四个电阻值发生变化[146]。变化的阻值破坏了惠斯通电桥的电路平衡，电桥即输出与压力成正比的电压信号[147]。

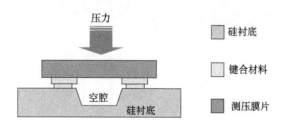

图 8-5　压阻式硅基压力传感器结构示意图

8.2.3 谐振器

MEMS 谐振器(Resonator)是利用 MEMS 技术制作的一种具有微纳尺度结构的机械谐振器，它通过机电耦合效应，对特定频率电信号具有滤波(Filter)、混频(Mixer)等处理功能。而谐振器是滤波器、混频器、振荡器等射频元件的重要组成部分，与传统的滤波器、混频器以及振荡器相比，用 MEMS 谐振器构成的这些器件不仅具有高频高品质因子，而且体积小、成本低，可与 IC 进行片上集成[148]。这使得以 MEMS 谐振器为核心元件的射频收发组件可具有小型化、低成本、低功耗、高性能和高集成度等多项优势，如图 8-6 所示。

根据 MEMS 谐振器的结构特点，可分为悬臂梁(Cantilever)、双端固支梁(Clamped-Clamped Beam)、扭矩型(Torsional)和圆盘型(Disk)等结构，如图 8-7 所示。

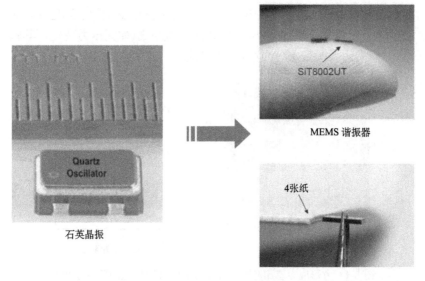

图 8-6　相比于传统石英晶振，MEMS 谐振器具有小型化、低成本等优势

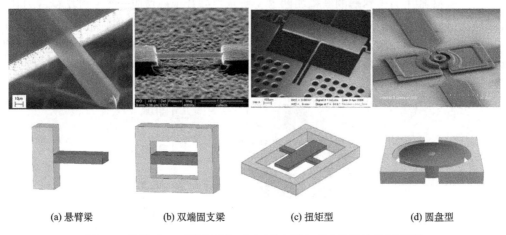

(a) 悬臂梁　　　　(b) 双端固支梁　　　　(c) 扭矩型　　　　(d) 圆盘型

图 8-7　悬臂梁、双端固支梁、扭矩型和圆盘型结构微纳谐振器[148]

　　当前在无线通信系统中大量使用的陶瓷、表面声波、石英晶体、薄膜体声波谐振器、滤波器等具有较好的性能——频率高达几十吉赫且 Q 值能维持在几百以上。但是，这些器件多为独立的片外组元，只能与集成电路进行板级(Board Level)集成，占据较大空间，因而整个系统的小型化和性能受到限制，而且增加了集成成本，不易实现系统的微型化和低功耗。如何获取片上高频、高品质因子($Q > 1000$)的谐振器、滤波器是当前研究的热点之一。近年来，MEMS 技术的发展为解决这些问题提供了可行方案。

　　MEMS 谐振器是一种通过机电耦合原理，对特定频率段的信号实现滤波和混频功能的共振型器件。对 MEMS 谐振器微机械结构进行激励后，其在固有频率上产生振动。该振动过程是机械能和电能反复交换的过程，其本质是机械式谐振器。为研究 MEMS 谐振器的共振特性，可利用机电类比的方法，将谐振器的分布力学参数集总化，再与电学参数类比，得到其电路模型。因为这两者的计算都可以通过差分方程或稳态方程获得，所以相应的变量可以一一对应类比，具体等效对应关系如表 8-1 所示。

表 8-1 机电耦合等效对应关系表

名称	电学量(Electrical Quantity)	机械量(Mechanical Quantity)
状态(State)	电荷(Charge)q	位移(Displacement)x
效果(Effects)	电压(Voltage)V	力(Force)F
流效(Flows)	电流(Current)i	速度(Velocity)u
阻尼(Damp)	电阻(Resistance)R	机械阻尼(Resistance)C_{re}

采用这种方法，就能够把一个较复杂的机械系统类比为电路系统来进行分析，使对于机械变量问题的分析得到简化。例如，圆盘谐振器，确定谐振器的机械结构，然后确定其对应的电气参数，运用电气知识进行仿真反馈，进而对器件的机械结构进行修整。通过机/电耦合原理的理论推算，谐振系统的固有频率随其刚度的增加而增大，随质量(或密度)的增加而减小。因此，提高系统谐振频率的主要途径是提高弹性刚度和增加质量。

以串联谐振为例，当给谐振器加上直流驱动电压 V_p 之后，谐振子机械共振就可以看作一个阻尼、质量、弹性系统。将其参数集总化，用等效阻尼 c_{re}、等效质量 m_{re} 及等效刚度 k_{re} 来表示，并利用机电耦合系数 η_{en} 及谐振器的 Q 值将机械参数等效成为电参数，如图 8-8 所示。

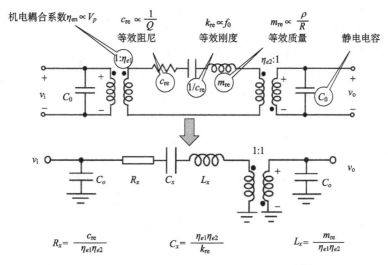

图 8-8 机电耦合等效构建的电学等效模型[148]

上面这些机电耦合等效参数综合起来，可以构建一个电学等效模型。其中，C_o 为圆盘器件结构中真实存在的静电电容，η 是机电耦合系数，而 c_{re}、m_{re} 及 k_{re} 为机电耦合等效的交流小信号电路单元。进一步化简运算，可以将交流小信号等效电路化简为简单的电阻-电感-电容(RLC)模型，这也是一个典型的双端口 MEMS 谐振器获得直流、交流信号驱动产生机械共振之后的串联谐振等效电路模型。

MEMS 谐振器的谐振频率 f 及品质因子 Q 是衡量谐振器性能的两个最关键的参数。

其中谐振频率的主要决定因素包括几何尺寸、器件结构、材料、共振模态。

而品质因子Q的定义是存储在振动系统中的总能量与系统在每个振动周期中的能量损失之比。决定因素包括介质损耗、本征损耗、支撑损耗、热弹性损耗、表面损耗。

MEMS 谐振器可以应用于前级滤波器、镜像抑制带通滤波器、中频滤波器、振荡回路这些射频通信系统的需求。由于具有高Q值，可以使得后端级联更多后级电路模块，减小电路中的累计损耗。而 MEMS 器件的单片集成性能，使得一些 MEMS 谐振器具有自开关性能、服从 CAD 规则，满足单片多频带、多模式的需求。因此可以运用这种具有高度对称性的圆盘型微纳结构谐振器实现未来无线通信领域发展所需的新型射频谐振器件。

8.2.4　加速度计、陀螺仪

微加速度计(Accelerometer)是一种测加速力的惯性传感器。加速度计测量的是相对于自由落体的加速度，即当量原理在时空的任何一点都保证了局部惯性系的存在，而加速度计则测量相对于该系的加速度[149]。这种加速度通常表示为g，即与标准重力相比，加速度的 SI 量化单位为米/秒^2。加速度传感器有压电式、容感式、热感式等不同种类。MEMS 加速度传感器的优势是体积小、成本低、集成化，可以应用于振动检测、姿态控制、安防报警、消费应用、动作识别、状态记录等。具体如数码产品保护、发动机振动分析、安全气囊启动。压阻式加速度传感器是最早微型化和商业化的一类加速度传感器，基于 MEMS 微加工技术，压阻式加速度传感器体积小、功耗低，广泛应用于汽车碰撞试验、检测仪器等领域。

加速度计从概念上讲是弹簧上的阻尼质量，即检验质量。当加速度计经历加速度时，质量块移动到弹簧，当加速度计经历加速度时，质量块移动到弹簧上，在一定程度上能够以与外壳相同的速度推动(加速)质量块。由于存在阻尼，加速度计始终以不同的方式响应不同的加速度频率，这称为"频率响应"。

常规的机械加速度计包括压电、压阻、电容式加速度计。压阻式的 MEMS 微加速度计通常由质量块和悬臂梁等模块组成，如图 8-9 所示[147]，其阻尼来自密封在设备中的残留气体，只要品质因子Q系数不太低，就能获得高灵敏度。在外部加速度a的影响下，检测质量m受惯性力$F=ma$，并使质量块从其中性位置偏离，这是一个与F成正比的应

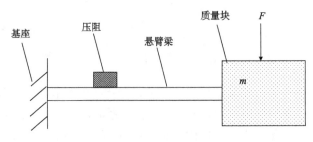

图 8-9　加速度传感器构造原理

变。该偏转以模拟或数字电学信号方式测量。最常见的检测方法是将压敏电阻集成到弹簧中，电阻 R 随着输入加速度或力的增加而增加 ΔR，以检测弹簧变形从而检测挠度，这是一种简单、可靠且低成本的测量方法。

陀螺仪(Gyroscope)是一种角速度检测仪，利用柯氏(Coriolis)定理，将旋转物体的角速度转换成与角速度成正比的直流电压信号。对于一种角速度检测器件，分辨率、零位输出、灵敏度、测量范围是其关键性能参数。陀螺仪可以应用于高精度的航空航天及军用导航和低精度的惯性导航产品，常规产品如果补充 MEMS 加速度计功能，就能够跟踪并捕捉三维空间的完整运动，提供现场感更强的用户使用体验、精确的导航系统以及其他功能。

MEMS 陀螺仪主要有转子、振动式微机械陀螺仪和微机械加速度计陀螺仪三种。转子式的 MEMS 陀螺仪较为少见，振动式和微机械加速度计式的原理一致，都是利用柯氏定理，它使用一个振动结构来确定旋转速度，被 IEEE 定义为柯氏振动陀螺仪(Coriolis Vibratory Gyroscope, CVG)[150]。其基本的物理原理是，即使振动物体的支撑旋转，振动物体也趋于在同一平面上继续振动。在物理学中，柯氏力是一种惯性力或虚拟力，作用在相对于惯性系旋转的参照系内运动对象上。在顺时针旋转的参考系中，力作用在对象运动的左侧，在逆时针(或逆时针)旋转的情况下力向右作用(图 8-10)。由于柯氏力引起的物体偏转称为柯氏效应，柯氏效应导致物体对其支撑物施加力，并且可以通过测量该力的大小来确定旋转速率。

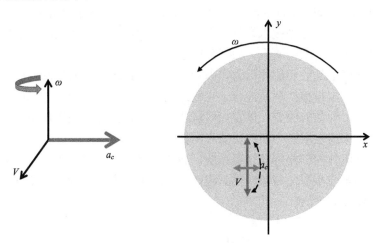

图 8-10 陀螺仪基本原理

零偏稳定性和角度随机游走是陀螺仪的核心参数[109]。按照零偏稳定性的大小以及其他主要性能指标的不同，陀螺仪分为惯性级、战术级和速率级三个级别，如表 8-2 所示。基于三轴的 MEMS 陀螺仪体积小、功耗低、易集成，这大大降低了系统成本，因此在便携式消费电子产品中很流行，如智能手机、平板电脑和智能手表等。而增加了三轴加速度感测能力甚至磁力的 MEMS 陀螺仪可以提供相对于地球磁场的绝对角度测量，可以在军事等广阔的应用领域发挥重要作用[151]。

表 8-2　MEMS 陀螺仪的主要性能指标

性能指标	惯性级	战术级	速率级
零偏漂移/((°)/h)	<0.01	0.01~10	10~1000
角度随机游走系数/((°)/$\sqrt{h}$)	<0.001	0.001~0.5	>0.5
标度因数非线性度/%	<0.001	0.001~0.1	0.1~1
满量程范围/((°)/s)	>400	>500	30~1000
带宽/Hz	~100	~100	>70
应用范围	飞机、船舶、航天器等	航向参考系统、制导导弹等	移动终端、汽车、照相机等

8.2.5　微流控

　　早期常规的生物、化学等科学实验中，经常需要对流体进行操作，如样品 DNA 的制备、PCR 反应、电泳检测等。如果采用 MEMS 技术将样品制备、生化反应、结果检测等步骤集成到生物芯片上，实验成本和复杂程度可大大降低。以此为基础，发展出了微流控技术(Microfluidics)。微流控技术指使用尺寸为微米量级的微管道处理或操纵 nL 到 ÅL 量级的微小流体系统所涉及的科学和技术[152]。这是一个多领域交叉学科，涉及工程、物理、化学、材料、生物化学、纳米技术以及生物技术等[19]。

　　微流控装置具有微型化、集成化等特征，通常被称为微流控芯片(Microfluidics Chip)、芯片实验室(Lab on a Chip)和微全分析系统(Micro-Total Analytical System)。包括从 19 世纪 70 年代采用光刻技术在硅片上制作的气相色谱仪，到后续发展的微流控毛细管电泳仪和微反应器等系列研究。微观尺度上的流体行为可能与"大流体"行为不同，因为表面张力、能量耗散和流体阻力等因素开始主导系统。随着流动变成层流而不是湍流，并流流体不一定按传统意义混合。它们之间的分子转运必须通过扩散来进行。微流体学研究了这些行为如何改变，以及如何解决它们或将其开发用于新用途，其在生物医学研究中具有巨大的发展潜力和广泛的应用前景[152-155]。

　　相比于常规流体控制器件及仪器系统，微流控通量高、污染少、样本需求量少、检测试剂消耗少、集成小型化与自动化。因此，其成为各个分析领域，尤其是生物医学分析的热点，如图 8-11 所示。

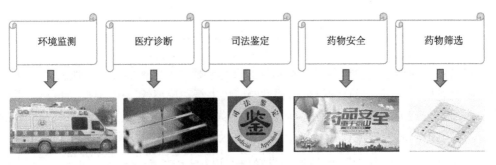

图 8-11　微流控技术主要应用领域

随着 20 世纪 80 年代后期包括复制成型(REM)、微传递成型(μT)、微接触印刷(μCT)和毛细管微成型(MIMIC)等"软光刻"技术的兴起，我们可以直接对各种材料(有机分子和生物分子、聚合物等)进行图案化，可以在更广泛的材料上控制表面化学成分，这时成为微流控造阶段的关键发展阶段[156]。1990 年，瑞士科研人员和分析化学家 Andreas Manz 率先在化学领域利用微芯片技术将一个实验室缩小到芯片大小(20 世纪 90 年代的芯片尺寸)[157-159]，采用这种微流控芯片能更有效地分离样品，缩短运输时间并减少试剂消耗。1994 年，化学和生物微系统学会(CBMS)组织了首次研讨会，奠定了微流控的基本概念和技术。随后的发展历史包括从主微流控芯片到大规模集成 PDMS 芯片，再到单芯片系统，如下。

(1)毛细管通道(1992 年)。

(2)微机械化学分析装置(1994 年)。

(3)超高速 DNA 测序(1995～1997 年)。

(4)PDMS 微流体系统(1998 年)。

(5)微细毛细管阵列电泳装置(2002 年)。

(6)芯片上的器官系统(近年来)。

目前，微流控作为一门科学研究及工程技术，将操控拓展到小体积以及对浓度的精确动态控制上，同时发现和利用这些微观尺度上流体中发现的新现象，对未来提供了强大的革新动力。微流体具有分析效率高、操作简便、样品和试剂消耗少以及尺寸精确匹配的优点。同时，基于高分子材料的多样性、可加工性和低成本，显示出巨大的优势[156]。这些技术是促进生物检测相关发展的有力工具。微流控的应用潜力正蔓延到地球上的每个角落，甚至外太空，各国对于微流控技术的研究正如火如荼，微流控正迎来其发展的黄金时期。

8.3　MEMS 工艺集成原理

8.3.1　MEMS 工艺流程

当以上这些小型化的传感器、制动器和结构都可以与集成电路(IC)或者微电子一起合并到一个共同的硅衬底上时，MEMS 可以最大化地发挥其真正潜力。在使用集成电路工艺流程(如 CMOS、双极或 BiCMOS 工艺)制造相关设备时，可以使用兼容的微加工工艺制造微机械组件。例如，选择性地蚀刻掉一部分硅晶片或添加新的结构层形成机械和机电装置。

MEMS 工艺来源于 IC，很长一段时间内，都没有标准工艺。常用的 MEMS 工艺包括平面工艺(Surface Micromachining)，这与 IC 兼容，也可利用现有的 IC 工艺及相关设备系统。MEMS 有它自身独特的一些工艺技术，包括体微机械加工工艺(Bulk Micromaching)。通常采用晶圆自身材料来制作 MEMS 结构。MEMS 器件因为其机械变量的存在，会有一些特殊结构，包括凹槽、梁、孔、针尖、隔膜、密封洞、锥、弹簧以及这些结构构成的复杂微系统[160, 161]。相比于其整体性能，以微比例评估时，用于 MEMS 的材料具有不同的机械性能。由于 MEMS 微制造的苛刻条件，只有极少数材料能够满足

MEMS 使用的主要要求，包括如下。

(1)良好的机械和电气性能。

(2)适用于通用半导体制造技术。

(3)微加工过程中应力控制。

MEMS 技术中使用的材料主要是硅，但是也可以使用其他材料。MEMS 制造中涉及三个主要的属性类别：弹性、无弹性和强度特性[161]。其他材料特性，如热、电、化学和光学特性等，则取决于 MEMS 器件的特定应用。其中由杨氏模量和泊松比两个关键参数所决定的弹性特性对于 MEMS 器件的性能至关重要，这两个参数都可以通过载荷偏转技术进行测量。而疲劳会引起塑性变形，进而导致 MEMS 器件故障或性能下降，这也是MEMS 领域需要重点研究的内容。同时，MEMS 技术具有几个与强度有关的关键特性，如抗张强度、断裂强度、弯曲强度和屈服强度。它们都表明 MEMS 器件的可靠性和耐用性。这些特性可以通过最佳的几何设计来增强。

因此，MEMS 工艺主要使用以下类型的材料。

(1)非金属：硅、锗、砷化镓等。

(2)金属：金、镍、铝等。

(3)聚合物：SU8、PMMA、聚酰亚胺等。

(4)陶瓷：金刚石、SiC、SiO_2、Si_3N_4 等。

MEMS 不仅可以与微电子技术融合，还可以与其他技术，如光子学、纳米技术等技术融合，形成"异构集成"。更复杂的集成是 MEMS 技术的发展趋势，随着 MEMS 制造方法的发展，其前景是巨大的设计自由度，其中任何类型的微传感器和任何类型的微制动器都可以与微电子以及光子学、纳米技术等单片集成。

从工艺发展路线来看，基本上有两种实现方法：自顶向下和自底向上。需要多学科多领域技术的多级无缝连接，如图 8-12 所示。在自顶而下的方法中，器件和结构多使用MEMS 工艺技术制造。以日本为例，很多技术的发展是由巨型机械来制造更小的机械零部件和系统，用这些小型的机械系统来制造微机械。而以德国为首的欧美国家发展出了紫外光刻铸模以及压塑技术(LIGA 技术)。

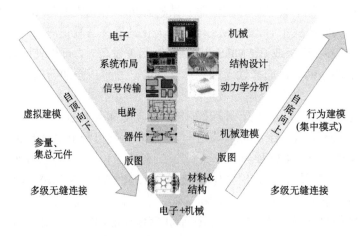

图 8-12　微机电系统工艺实现方法

　　还有更多的国家利用微电子半导体加工工艺来进行 MEMS 工艺加工以及利用集成工艺手段来实现这种微型制造技术，如图 8-13 所示。而纳米技术的发展有望允许我们制造几乎任何可以在原子或分子水平上指定的符合物理定律的结构或材料。因此除了这些自顶向下的方法，还有的研究团队采用分子和原子级加工的纳米技术，用自底向上的方法来完成 MEMS 器件的工艺制备。

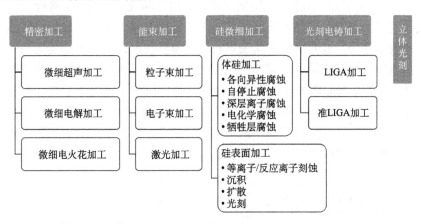

图 8-13　微型制造技术的工艺手段

　　一个典型的 MEMS 生产工艺流程如图 8-14 所示。在完成基础原材料晶圆制备之后，开始包括薄膜制备、光刻、刻蚀等各步骤的材料和机构制备，这是一个多重循环的过程。一般在这些工艺的最后一步或者靠后的步骤中，会去除下层材料来释放机械结构。除了机械结构工艺步骤之外，通常还包括各种电学检测和后道工艺。在这些步骤中通常需要考虑这些已经完成释放的微结构，特别是在划片、检测等常规半导体后道工艺步骤中，对已释放的微结构进行保护，都需要特殊工艺来开展[162]。另外，MEMS 器件有时需要在特种环境氛围中工作，因此对应的封装工艺也有不同于集成电路封装的特点。通常 MEMS 器件的封装成本占比是较高的。完成部分级别的封装之后，就可以进行机、电系统的全面测试。

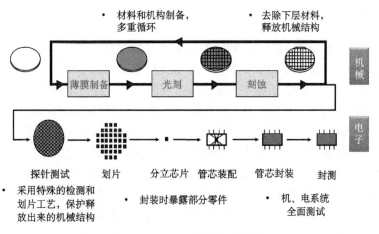

图 8-14　MEMS 典型生产流程

8.3.2　MEMS 关键工艺

1. 牺牲层、释放

1982 年，美国大学的 U.C. Bekeley 通过表面牺牲层技术，制造出微型静电马达，使得 MEMS 进入了新纪元。工艺中，根据所使用的材料和蚀刻剂组合，执行表面微加工有很多变化。其中一个流行的技术是沉积某些薄膜材料充当临时机械层，在该临时机械层上构建实际的器件层；接着沉积和构图材料的薄膜器件层，该材料称为结构层；然后移除临时层，以将机械结构层从基础层的约束中释放出来，从而使结构层移动。

图 8-15 显示了表面微加工过程的示意图，其中沉积了氧化物层并对其进行了图案化。该氧化物层是临时的，通常被称为牺牲层（Sacrificial Layer）。随后，沉积多晶硅薄膜层并对其进行构图，并且该层是结构机械层。最后，临时牺牲层被去除，此时多晶硅层可以作为悬臂自由地移动。

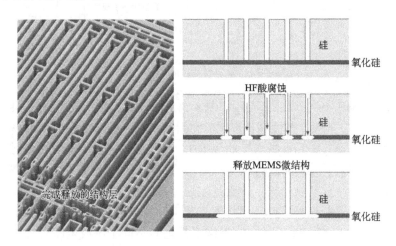

图 8-15　表面微加工过程示意图

2. 深刻蚀

ICP 的出现促进了体硅工艺的快速发展。深反应离子刻蚀（DRIE）制造技术已被 MEMS 广泛采用。该技术使得能够在硅衬底中执行非常高的纵横比蚀刻。蚀刻孔的侧壁几乎是垂直的，并且蚀刻深度可以是进入硅衬底的数百甚至数千微米。

一种典型的深刻蚀工艺使用高密度等离子体来交替蚀刻硅，并在侧壁上沉积抗蚀刻聚合物层。硅的蚀刻采用 SF_6 化学方法进行，而抗蚀刻聚合物层在侧壁上的沉积则使用 C_4F_8 化学方法。在蚀刻期间，质量流控制器在这两种化学物质之间来回交替。保护性聚合物层沉积在蚀刻坑的侧壁和底部，但是蚀刻的各向异性将蚀刻坑底部的聚合物去除的速度比从侧壁去除聚合物的速度快。这种深刻蚀方法使得侧壁不完美或光学上不光滑，如果使用 SEM 放大观测侧壁结构，会看到侧壁上典型的搓衣板或扇形花纹。

多数商用 DRIE 系统的蚀刻速率为 1～10μm/min。对于硅来说，光刻胶和氧化硅都可用作深蚀刻掩模层材料,光刻胶和氧化物的典型选择比分别为 75∶1 和 150∶1。因此对于穿透蚀刻晶片,将需要相对较厚的掩模层。

3. 键合与封装

在信息传感器体系中,微纳尺度的精密元件需要稳定可靠的工作环境,采用封装结构来安装、固定、密封、保护芯片元件,以及增强电热性能,同时 MEMS 器件的封装还需要保证器件的内外之间和各组成部分之间的能源传递与信号的变换。

在 MEMS 技术领域,封装是困扰 MEMS 器件开发和实用化的关键难点[162](如图 8-16中虚线框所示)。MEMS 封装业务一般围绕着五大器件种类:惯性 MEMS、环境 MEMS、光学 MEMS、声学 MEMS 和 RF MEMS。市场研究和策略咨询公司的 Yole 曾估计,到 2022 年 MEMS 封装市场的市场价值将从 2016 年的 25.6 亿美元增长到 64.6 亿美元,在此期间的复合年增长率为 16.7%,其中包括基于 MEMS 的射频设备。

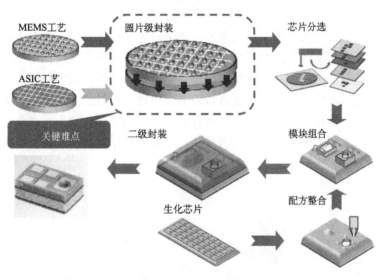

图 8-16　MEMS 关键工艺——封装

一种常规的 MEMS 与 IC 集成工艺中,MEMS 工艺与 IC 工艺分批次分别完成,完成封装后再进行后道工艺的分选整合与检测。封装按等级分类,分为圆片级(芯片/模块)、卡级(模块功能组合)、器件级(卡组装成板)和系统级(不同插板组装成系统)。

晶圆键合是一种微加工方法,类似于宏观世界中的焊接,涉及将两个(或更多)晶圆结合在一起以创建多晶圆堆栈。这是一种广泛用于 MEMS 封装的技术,它已成功应用于与微细加工有关的各个领域。晶圆键合有几种基本类型,包括直接键合或共晶键合、场辅助或阳极键合、使用中间层的黏着键合、利用多物理场耦合的压印技术。目前主要的应用趋势包括以下几方面:绝缘体上硅(SOI)、硅上化合物半导体、薄膜太阳能电池、三维(3D)封装和微机械(MEMS)等(图 8-17)。

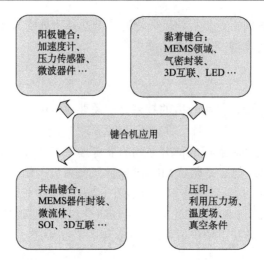

图 8-17　键合机应用[162]

对于此应用有专用的设备——键合机。其中单一场驱动的键合相对简单，但其对材料的类型和平行度要求苛刻，对异质和超薄材料的适应性差，只适用于同质体材料的键合。多场驱动键合系统(图 8-18)则采用电场、温度场和压力场的多场耦合作用的驱动方式，可完成低温硅直接键合、阳极键合、玻璃浆料键合、低温共晶键合、共熔晶键合和聚合物键合工艺。多场作用下的键合对各种材料的适应性强，但大压力和大范围的温度循环对设备的控制要求极高，同时由压力和温度带来的压板材料形变对温度、压力的有效传输及其均匀性的控制提出了巨大的挑战[28]。

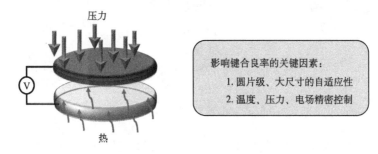

图 8-18　多场驱动键合系统

三维封装是下一代集成电路高密度封装技术的研究热点。多场驱动键合设备也可以用于完成多芯片堆叠中的三维引线互连技术，可解决传统引线键合无法实现高密度封装中多叠层芯片引线互连的问题。此外，多场驱动键合设备还完成了部分三维封装技术需要的绝缘键合，实现了芯片之间的绝缘。

4. 工艺集成

考虑到 MEMS 工艺流程的定制性，工艺集成至关重要。就我们的目的而言，集成过程其实就是对顺序过程中的各个工艺步骤的相互关系的理解、表征和优化。同样，MEMS

开发人员必须拥有相关电气材料特性以及机械材料特性的良好数据。再加上 MEMS 制造中使用的材料和加工技术的多样性，意味着工艺集成可以成为产品开发工作的重头戏。MEMS 和纳米制造相关产业与装备系统具有许多有益的特性，很多可以使用类似集成电路的工艺制造，能够将多个功能集成到单个微芯片上。集成微型传感器、微型执行器和微型结构以及微电子技术的能力在无数产品和应用中具有深远意义。

早期 CMOS 与 MEMS 特有工艺之间差异大，两种技术集成相对困难。而现在随着技术的发展，CMOS 与 MEMS 工艺无缝集成难度逐步降低。但是市场上 CMOS 与 MEMS 工艺集成的产品仍然较少。典型商业化 MEMS 全流程工艺包括 Berkeley 开发于 1992 年的 MUMPS（MultiUser MEMS Process），后来归属于法国的 MEMSCAP 公司，还有开发于 1998 年的 Ⅳ and-Ⅴ technologies，以及 Sandia SUMMiT（Sandia Ultraplanar Multilevel MEMS Technology）等。

MEMS 和纳米技术可以转化为成本更低，功能更多，可靠性和性能更高的产品。目前很多都是以应用为导向，由市场决定，成本优先。目前工艺集成难点逐渐被克服，很多需要代工厂 IC、MEMS 两条线齐全无缝集成的应用也找到了落脚之地。例如，CCD 图像传感器易与其他芯片进行集成，北京思比科为电子技术股份有限公司、深圳比亚迪股份有限公司、格科微电子（上海）有限公司、索尼等公司利用其占据了市场。

而以 MEMS 麦克风为例，其曾经也可以双线无缝集成，但是目前多数转为单采用 MEMS 工艺做关键部件的加工，在这样的产品中，IC 代工厂做好 CMOS 部分，MEMS 代工厂做好微机电部分，再采用传统打线方式将两者汇合，可以更灵活地操作，要求也逐渐降低，最终用更低的成本来满足体积小、性能强、功耗低等应用需求。

以应用为导向，市场决定的典型例子就是速度计，这种器件对 MEMS 传感器 "依赖"性强，市场更广。对于低端市场，多采用集成式工艺，因为器件对性能要求相对不高，工艺集成产品价格占据优势，成本优先。而对于高端市场，很多采用的是非直接集成，分别取两者的最优工艺，以最终的器件性能来决定工艺方案。

8.3.3 MEMS 经典工艺流程

由于工艺技术的定制特性和工艺能力的多样性，MEMS 制造是一项极其令人兴奋的研究工作。MEMS 制造使用了集成电路领域中的许多技术，如氧化、扩散、离子注入、LPCVD、溅射等，并将这些功能与高度专业化的微加工工艺相结合[163]。

如图 8-19 所示，我们可以以一个 MEMS 高速开关的关键结构为例，与学生一起学习研讨一些最广泛使用的微加工工艺。在该工艺中，首先对完成清洗的沉底材料进行电极层薄膜沉积，然后依照电极层种类选择干法/湿法刻蚀对电极层薄膜图形化，接下来进行牺牲层薄膜（SiO_2）沉积，并采用氮化硅和金属层薄膜作为关键机械结构材料，完成悬臂梁薄膜沉积，之后采用光刻和刻蚀的方式对悬臂梁完成图形化，最后采用 HF 酸基的化学试剂对结构进行释放，这样就可以加工出一个立体的三维结构微开关器件。

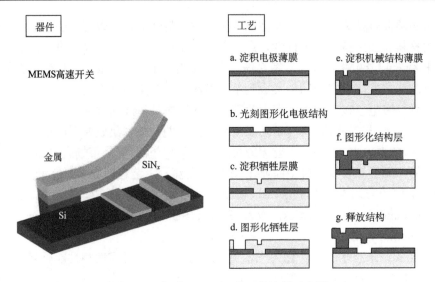

图 8-19　典型 MEMS 器件工艺流程示意图

8.4　实验设备与器材

8.4.1　实验环境

本实验示例安排在中国科学院大学微电子学院的微电子工艺实验室中的薄膜沉积系统、刻蚀以及光刻相关设备所在的净化区进行。这些区域配备有薄膜沉积设备、光刻机、匀胶机、热板、湿法腐蚀装备系统、刻蚀机等系列半导体相关学科的专业教学仪器，以及相关水路、气路、真空配套系统。实验前将指导学生各自进行完整的工艺流程设计与修正，之后根据每组学生前期开展的工艺实验样品分别进行键合与集成。净化区实验安排以实践教学为主，整个教学过程由师生共同参与，双向互动开展实践教学。

8.4.2　实验仪器

教学设备为 KB-200S 型键合机，该多场驱动键合系统是指在外加场(包括电场、温度场和压力场)的作用下，通过控制材料界面处的物理、化学态变化及材料内部的应力行为，将不同材料结合在一起，实现仅用单一材料和结构无法完成的复杂器件及特殊性能的设备。

系统基本设计图如图 8-20 所示。该系统适用于具有异质结构和超薄薄膜材料的键合，主要应用包括纳米功能薄膜结构的同、异质衬底转移和先进封装技术，在硅上绝缘体(SOI)、硅上化合物半导体、薄膜太阳能电池、三维(3D)封装及微电子机械系统(MEMS)等众多技术领域都有大量的应用。

键合技术正在逐渐成为集成电路中主要的工艺方法之一，在微电子学中的应用也日益普遍[162,164]。晶圆键合机的基本原理是对需要键合的材料施加一系列的外部条件(如压力、温度、环境、电压等)，不同的外部条件可以用来进行不同材料和结构的键合。

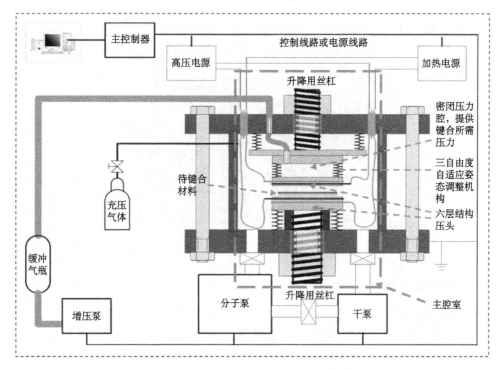

图 8-20　多场驱动键合机原理图[162,164]

　　根据具体的键合工艺要求，工程师设计了 KB-200S 型键合机的控制方案[164]。键合机控制系统包括顺序控制系统、过程控制系统、运动控制系统以及监控系统，涉及通信技术、人机界面技术、计算机技术、测控技术。KB-200S 型键合机分为充气系统、真空系统、高压系统、加热系统、晶圆传送系统五个子系统，这五个子系统可为键合提供压力、环境、电压和温度等外部条件。控制部分采用了 PC-BASED 的 DA&C 系统来对键合机各个系统进行协调控制。工控机可以提供串口通信功能来与一些设备进行串口通信，从而实现对设备控制的目的，数据采集卡 PCI-6229 可对一些模拟量和数字量进行采集与输出。人机界面软件有键合机状态和数据的显示、用户的管理、配方的编辑和执行、历史数据的存储等功能。

8.4.3　仪器操作规程

KB-200S 型键合机(实物如图 8-21 所示)操作流程如下。

1. 硬件开机流程

(1)插上电源插座。
(2)打开键合机电源。
(3)打开工控机。
(4)打开空气压缩机。
(5)打开氮气气源。

　　(6)单击晶圆键合机软件图标，登录即可进行后续的软件操控流程。

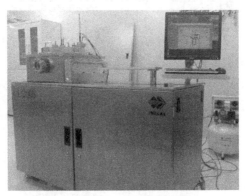

图 8-21　　KB-200S 型键合机

2. 软件操控简介

1)登录界面[164]

　　如图 8-22 所示，晶圆键合机的控制软件在运行时，首先显示的是登录界面，要求用户登录。在登录前左侧各个按钮处于禁用状态，只有在用户登录后，对应用户权限的功能区域才会开放给用户。登录需正确输入用户名及相应密码，然后对软件的各个功能进行操作。不同的用户有不同的权限，用户的权限设置及新用户的注册在用户管理中实现。如果登录的密码错误或是用户名不存在，会有相应提示。

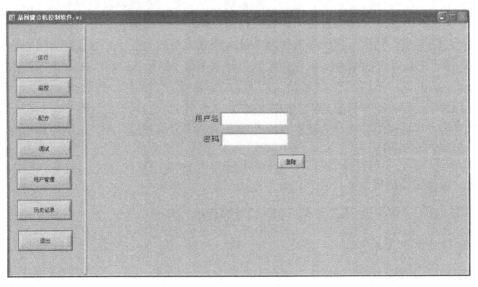

图 8-22　登录界面

图中"登陆"应为"登录"，为与软件保持一致，未做修改

2)功能界面划分[164]

　　软件界面划分分为运行、监控、配方、调试、用户管理、历史记录六个功能区域，

如表 8-3 所示。

表 8-3　功能界面划分表

按钮	功能
运行	运行界面切换
监控	监控界面切换
配方	配方界面切换
调试	调试界面切换
用户管理	用户管理界面切换
历史记录	历史记录界面

3) 各个界面操作说明[164]

(1) 运行界面操作说明。

如图 8-23 所示,在运行界面下用户可实现配方的调用、键合前送片及配方的执行、暂停、暂停恢复、中止操作。在配方执行前,用户首先要单击"装载配方"和"准备"按钮,单击"装载配方"按钮后会提示用户选择要装载的配方文件,单击"准备"按钮,系统会自动完成送片过程,送片完成后,配方就可以执行了。运行界面还可对设备状态、报警进行显示。

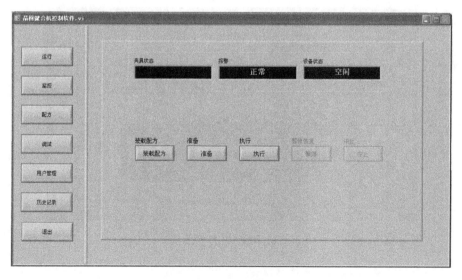

图 8-23　运行操作界面

：单击"装载配方"按钮会弹出对话框提醒用户选择配方文件；

：单击"准备"按钮，会自动完成送片动作；

：单击"执行"按钮，配方开始执行；

：单击"暂停"按钮，配方暂停，再单击该按钮，配方恢复执行；

：单击"中止"按钮，配方中止；

：若设备正常，则屏幕会显示"正常"字样，若设备有故障发生，则屏幕"正常"字样会变成"报警"；

：若设备没有配方执行，则屏幕会显示"空闲"，若设备正在执行配方，屏幕"空闲"字样会变成"运行"。

(2)监控界面操作说明。

如图 8-24 所示，监控界面不能进行任何操作，它主要对设备的各个参数进行监控和显示。它不仅可对设备状态、报警进行显示，还可以对工艺过程中上下压头温度、压头压力、腔室压强、高压电源电压和电流进行当前值及过程曲线显示。当系统一切正常时，报警显示"正常"，当系统出现异常时，报警显示"报警"字样，提示用户系统异常，应采取相应措施。

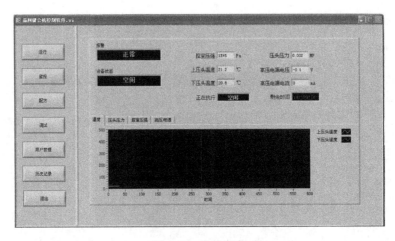

图 8-24　监控界面

：若设备正常，则屏幕会显示"正常"字样，若设备有故障发生，则屏幕"正常"字样会变成"报警"；

：若设备没有配方执行，则屏幕会显示"空闲"，若设备正在执行配方，屏幕"空闲"字样会变成"运行"；

：显示腔室的压强值，单位为 Pa；

：显示上压头的温度值，单位为℃；

：显示下压头的温度值，单位为℃；

：显示上压头耐压波纹管压强，单位为 MPa（即操作界面上显示的 MP）；

：显示高压电源电压值，单位为 V；

：显示高压电源电流值，单位为 mA；

：显示正在执行的配方步号，没有配方执行时显示为"空闲"；

：显示配方的剩余时间。

(3) 配方界面操作说明。

如图 8-25 所示，配方界面可对配方进行编辑、保存、调用。也可控制配方的执行、暂停、恢复、中止操作。如图 8-26 所示，配方执行完后，会提示用户输入配方执行过程中工艺参数记录的路径，用户如果不需要保存数据，单击"取消"按钮即可。

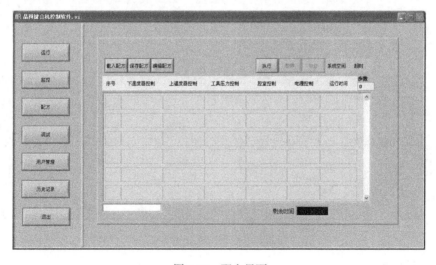

图 8-25　配方界面

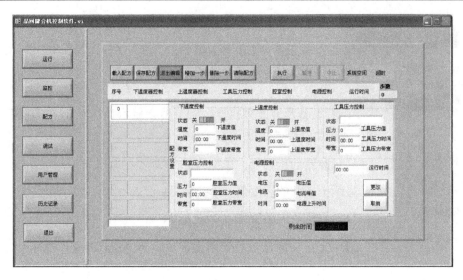

图 8-26　配方界面操作说明

（4）调试界面操作说明。

如图 8-27 所示，调试界面可对水平电机、垂直电机、分子泵、高压电源、温度控制器及气路的各个阀进行手动操作，调试界面也可以完成电机回原点、充气加压、排气、抽真空、吹扫等系统动作。

水平电机调试界面（图 8-27）操作说明如下。

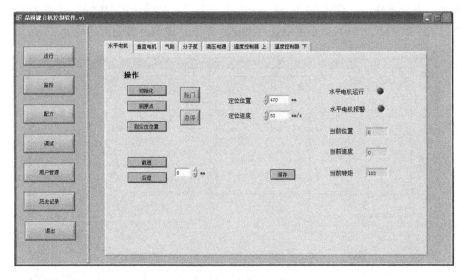

图 8-27　水平电机调试界面

初始化 ：单击"初始化"按钮，水平电机回到原点；

回原点 ：单击"回原点"按钮，水平电机回到原点；

到定位位置 ：单击"到定位位置"按钮，水平电机会以设定好的定位速度运行到定位位置；

前进：单击"前进"按钮，水平电机会前进 ⌷ 0 mm 设定的距离；

后退：单击"后退"按钮，水平电机会后退 ⌷ 0 mm 设定的距离；

舱门：单击"舱门"按钮时，舱门开启，再单击"舱门"按钮使其弹起时，舱门关闭；

定位位置 ⌷ 470 mm：定位位置设定；

定位速度 ⌷ 50 mm/s：定位速度设定；

保存：单击"保存"按钮，会保存定位位置和定位速度的设定值；

水平电机运行 ●：若水平电机处于运行状态，则指示灯亮起；

水平电机报警 ●：若水平电机报警，则指示灯亮起；

当前位置 0：显示水平电机的当前位置；

当前速度 0：显示水平电机的当前速度；

当前转矩 103：显示水平电机的当前转矩。

⚠注意：若水平电机的运行位置超限，则电机不会运行且会有弹出超限提示窗口。
垂直电机调试界面(图 8-28)操作说明如下。

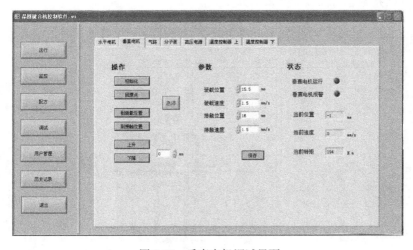

图 8-28　垂直电机调试界面

初始化：单击"初始化"按钮，垂直电机回到原点；

回原点：单击"回原点"按钮，垂直电机回到原点；

到装载位置：单击"到装载位置"按钮，垂直电机会以设定好的装载速度运行到装
载位置；

到接触位置：单击"到接触位置"按钮，垂直电机会以设定好的接触速度运行到接
触位置；

上升：单击"上升"按钮，垂直电机会上升 设定的距离；

下降：单击"下降"按钮，垂直电机会下降 设定的距离；

装载位置 15.5 mm：装载位置设定；

装载速度 1.5 mm/s：装载速度设定；

接触位置 16 mm：接触位置设定；

接触速度 1.5 mm/s：接触速度设定；

保存：单击"保存"按钮，会保存装载位置、装载速度、接触位置设定和接触速度的设定值；

垂直电机运行 ●：若垂直电机处于运行状态，则指示灯亮起；

垂直电机报警 ●：若垂直电机报警，则指示灯亮起；

当前位置 -1 mm：显示垂直电机的当前位置；

当前速度 0 mm/s：显示垂直电机的当前速度；

当前转矩 134 N.m：显示垂直电机的当前转矩。

⚠注意：若垂直电机的运行位置超限，则电机不会运行且会弹出超限提示窗口。
气路调试界面(图8-29)操作说明如下。

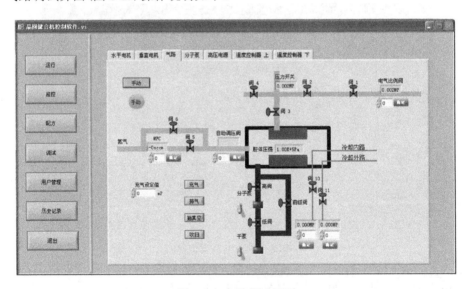

图8-29 气路调试界面

气路调试界面可以对与气路相关的所有阀和分子泵、干泵进行手动操作，并可以进行充气、排气、抽真空、吹扫的自动程序操作。充气操作需要用户设定充气压力，充气压力设定值的范围是0~0.7 MPa。

：按下则阀 1 打开，红色为关，绿色为开；

：设定好电气比例阀设定值后（单位 MPa），单击"确定"按钮后生效；

：设定好 MFC 设定值后（单位 sccm），单击"确定"按钮后生效；

：单击"分子泵"按钮，分子泵启动，指示灯亮起；

：单击"干泵"按钮，干泵启动，指示灯亮起；

充气：单击"充气"按钮，则向波纹管中充 [充气设定值] 设定好的气体；

排气：单击"排气"按钮，则充气程序停止，开始排气。

分子泵调试界面（图 8-30）操作说明如下。

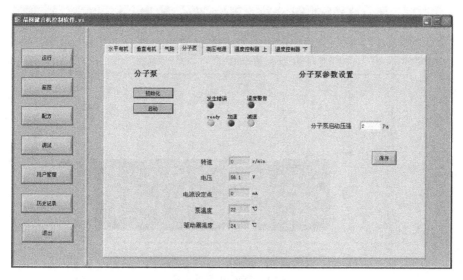

图 8-30　分子泵调试界面

分子泵调试界面可以对分子泵进行启动和停止的操作，对分子泵启动压强进行设置和保存。还可以对分子泵当前转速、温度、加速、减速等状态进行显示。

：单击"启动"按钮则分子泵启动，再单击该按钮则分子泵关闭；

发生错误：若分子泵有错误发生，则指示灯亮起；

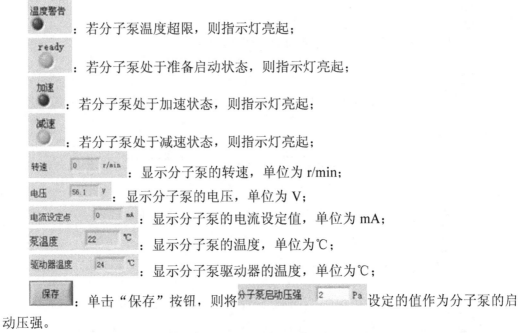

温度警告 ：若分子泵温度超限，则指示灯亮起；

ready ：若分子泵处于准备启动状态，则指示灯亮起；

加速 ：若分子泵处于加速状态，则指示灯亮起；

减速 ：若分子泵处于减速状态，则指示灯亮起；

转速 0 r/min ：显示分子泵的转速，单位为 r/min；

电压 56.1 V ：显示分子泵的电压，单位为 V；

电流设定点 0 mA ：显示分子泵的电流设定值，单位为 mA；

泵温度 22 ℃ ：显示分子泵的温度，单位为℃；

驱动器温度 24 ℃ ：显示分子泵驱动器的温度，单位为℃；

保存 ：单击"保存"按钮，则将 分子泵启动压强 2 Pa 设定的值作为分子泵的启动压强。

高压电源调试界面(图 8-31)操作说明如下。

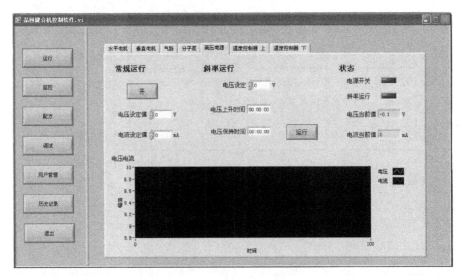

图 8-31　高压电源调试界面

高压电源调试界面不仅可以对高压电源进行常规的开、关、电压设定、电流设定操作，还可以控制电压的上升斜率，同时能够显示实时高压电源的电压、电流值，如图 8-32 所示。

开 ：高压电源开关按钮可以控制高压电源的开关；

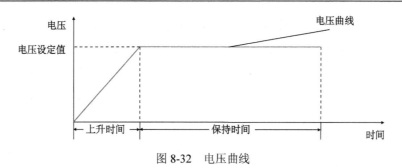

图 8-32　电压曲线

电压设定值 `0` V：设置高压电源的输出电压，单位为 V；

电流设定值 `0` mA：设置高压电源的电流上限，单位为 mA；

电压设定 `0` V：输出电压设定值，单位为 V；

电压上升时间 `00:00:00`：输出电压上升时间设定，单位为 时:分:秒；

电压保持时间 `00:00:00`：输出电压保持时间设定，单位为 时:分:秒；

运行：单击"运行"按钮，电源按上述三个参数输出电压曲线，所以单击"运行"按钮前，需保证上述三个参数设置无误；

电源开关　：电源开关指示灯，电源开则亮起；

斜率运行　：电源正在斜率运行(输出电压曲线)，则指示灯亮起；

电压当前值 `-0.1` V：显示当前电压值；

电流当前值 `0` mA：显示当前电流值。

温度控制器调试界面(图 8-33)操作说明如下。

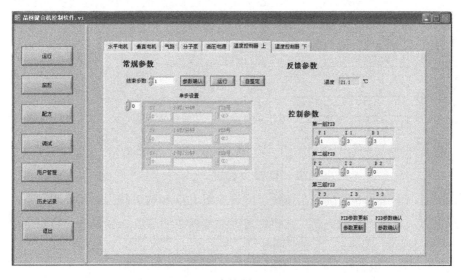

图 8-33　温度控制器调试界面

温度控制器调试界面可以对程序运行的相关参数和控制参数（PID）进行设置。

温度控制器的运行模式为程序运行，在单击"运行"按钮前应先设置结束步数和单步设置参数，温度曲线由多条直线组成，图 8-34 显示了 3 段直线构成的温度曲线。

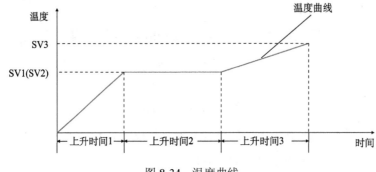

图 8-34　温度曲线

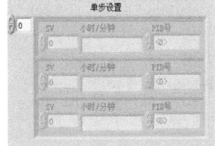

：温度曲线的步数（段数）；

：单步参数设置，SV 值、上升时间、PID 号；

设置好上述两个参数后单击 参数确认 按钮，所设参数就会下载到温度控制器中，单击 运行 按钮，温度控制器即可按用户所设温度曲线进行控温；

：三组 PID 参数设置；

参数确认 ：单击"参数确认"按钮，所设三组 PID 参数下载到温度控制器中；

参数更新 ：单击"参数更新"按钮，温度控制器中的三组 PID 参数上载到工控机中；

用户管理界面（图 8-35）操作说明如下。

用户管理可完成新用户注册、修改密码、权限设置的功能。

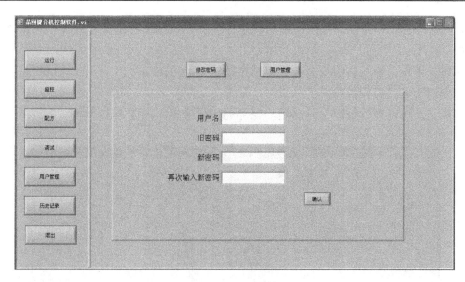

图 8-35 用户管理界面

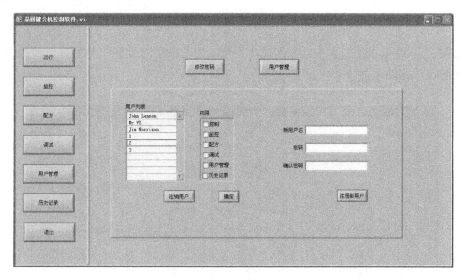："修改密码"子界面和"用户管理"子界面切换按钮。

如图 8-36 所示，输入自己账号的用户名、原始密码和新密码后，单击 确认 按钮，如果修改成功会弹出窗口提示。

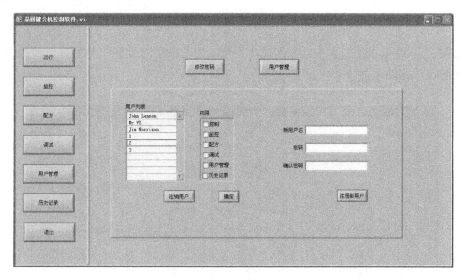

图 8-36 修改密码界面

有用户管理权限的用户可以通过用户管理界面对其他用户进行注销、权限设置操作，并且可以注册新用户。如果要对某个用户的权限进行设置，只需选择这个用户，并在希望赋给他权限的项目中勾选即可，最后单击"确定"按钮完成权限设置。若想删除某个用户，只需选择这个用户，单击"注销用户"按钮即可完成注销。

注销用户：选择要删除的用户，单击 注销用户 按钮即可；

权限修改：选择要修改权限的用户，并将希望给予的权限选项选中后，单击 确定 按钮即可；

注册新用户：输入新用户名及密码单击 注册新用户 按钮即可。

历史记录界面操作说明：

历史记录可以查看报警记录和用户保存的历史数据，如图8-37所示。

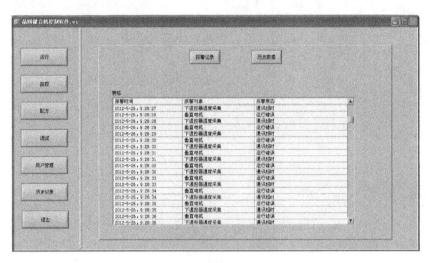

图8-37　历史记录界面

报警记录（图8-38）记录了系统错误的报警时间、报警对象和报警原因，可以供用户查看，更快地排除事故。

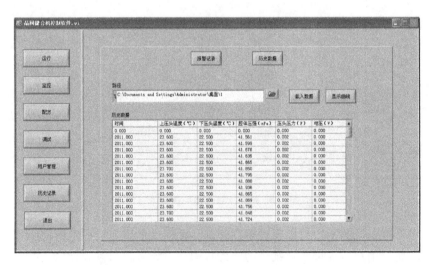

图8-38　报警记录示例

如图8-38所示，选择历史数据文件后，单击 载入数据 按钮，历史数据会以表格的形式显示；单击 显示曲线 按钮，会显示历史曲线，如图 8-39 所示。

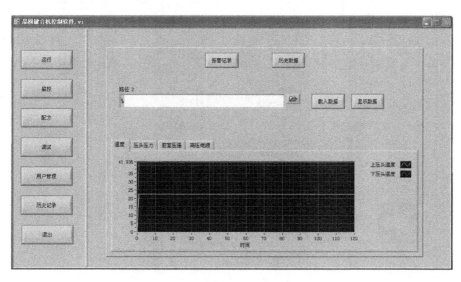

图 8-39 显示历史曲线

3. 关机流程

(1) 关高阀、再次单击分子泵"启动"按钮，分子泵转速由 400r/min 逐渐变到 0。
(2) 关前级、关分子泵电源、关机械泵。
(3) 关电源开关、关冷却水。

8.5 实验内容与步骤

8.5.1 实验内容

本节将安排包括薄膜制备、光刻、刻蚀等多项工艺实验配合的联合工艺流程，为学生教授 MEMS 工艺步骤以及对各工艺细节步骤的要求，如图 8-40 所示。

8.5.2 工作准备

1. 人员实验准备

实验教学辅导员利用 10min 时间，基于刻蚀机、薄膜沉积装备系统、匀胶机、光刻机、烘箱、显微镜等教学媒体实物机台对学生逐一讲授，使学员能够学习并了解该仪器的基本构成与运作原理。

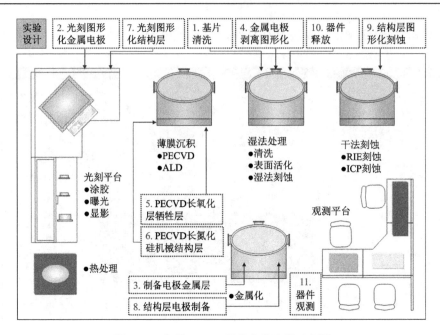

图 8-40　典型 MEMS 器件实验流程示意图

2. 设备系统准备

(1)开启设备前，确认设备连线是否正确。

(2)检查所有实物机台是否通电。

(3)开启真空，检查气表压力是否正常。

8.5.3　工艺操作

(1)基片清洗。

(2)光刻：为后续电极层薄膜图形化的剥离(Lift-off)工艺做好准备。

(3)薄膜沉积：PVD 制备电极金属层，完成 Cu 电极层薄膜沉积。

(4)电极层薄膜图形化(依照电极层种类选择湿法刻蚀)。

(5)薄膜沉积：PECVD 进行牺牲层薄膜(SiO_2)沉积。

(6)薄膜沉积：悬臂梁薄膜沉积(可根据应用需求进行多层薄膜沉积，如 SiN_x +金属层薄膜)。

(7)光刻：悬臂梁图形化。

(8)薄膜沉积：采用 PVD 进行结构层电极沉积。

(9)刻蚀：完成结构层刻蚀。

(10)湿法腐蚀：结构释放。

(11)采用显微镜等仪器对完成工艺的器件进行观测和记录。

8.5.4　实验报告与数据测试分析

(1)写出设计的 MEMS 器件工艺流程及单项实验操作步骤。

(2)采用显微镜观测、台阶仪、万用表等仪器装备在完成每步关键工艺之后,测试样片形貌特征,得出结构的关键尺寸及工艺精度,并针对设计的不同结构进行对比分析与讨论。

(3)完成思考题。

8.5.5　实验注意事项

本章实验包含光刻、刻蚀、薄膜沉积等多项工艺,每项工艺均需遵守实验室及仪器相关操控章程,参见第 2～6 章"实验注意事项"。

8.5.6　教学方法及难点

1. 教学目的

(1)掌握微机电系统(MEMS)的基本概念。

(2)了解 MEMS 发展进程。

(3)了解常见 MEMS 器件与工作原理。

(4)掌握常见 MEMS 工艺。

(5)掌握 MEMS 关键工艺装备与系统。

(6)了解如何使用集成电路(IC)制造技术制造 MEMS 器件。

(7)了解 MEMS 与 IC 集成的基本方案。

2. 教学方法

键合机台的操作与培训,按如下流程进行。

1)培训前学生准备

(1)学习并理解器件封装及晶圆级键合的基本概念和基本原理。

(2)学习并了解 KB-200S 型键合机台基本构成与基本原理。

2)培训

(1)教师用 10min 时间,基于实际机台详细讲解 KB-200S 型键合机台的基本构成,同时复习键合机封装及异质结合相关的基本知识点。

(2)提出培训的目的与要求:了解实际机台构成与相关刻蚀原理,完成晶圆键合工艺并自行观察键合结果。

实际操作:教师讲解 KB-200S 型键合机台的操作要求,并亲自操作演示;学生根据要求进行一次键合操作,并指导学生对键合结果进行检测观察。

3)实际操作

(1)教师讲解 KB-200S 型键合机台的操作要求,并亲自操作演示。

(2)学生根据要求进行一次键合操作,并指导学生对键合样品结果进行检测观察。

3. 教学重点与难点

(1)常见 MEMS 器件与基本原理。
(2)体、表面微机械加工技术。
(3)KB-200S 型键合设备原理与构成。
(4)KB-200S 型键合机台基本工艺参数的意义。

4. 思考题

随着技术发展，CMOS 与 MEMS 工艺无缝集成难度逐步降低，但是市场上 CMOS 与 MEMS 工艺集成的产品为什么这么少呢？

第9章　示例课程简介

9.1　教学内容

9.1.1　课程基本信息

1. 课程名称

微电子工艺与装备技术(Semiconductor Process and Manufacturing Technology)。

2. 课程性质

专业核心课；学时/学分：52/3；大纲编号：102M4006H。

3. 预修课程

半导体器件、半导体物理、集成电路设计。

9.1.2　教学内容简介

中国科学院微电子研究所、中国科学院大学岗位教授团队的课程"微电子工艺与装备技术"(课程编号：080902M04006H)为中国科学院大学微电子学及半导体相关技术学科的集成电路工程专业核心课。该课程有约21学时"微电子工艺与装备技术"实验课，需安排专项仪器装备实物操控及工艺探索实践教学授课，曾于2017年获得中国科学院教育教学成果奖(特等奖)。

该课程重点介绍半导体集成电路制造工艺技术的基本原理、途径、集成方法与设备。课程内容包括集成电路制造工艺、相关设备、新原理技术及工艺集成。课程将针对每一台仪器安排专项工艺实验室授课及动手操作，包括磁控溅射台金属薄膜沉积与检测实验课、介质薄膜与检测实验课、光刻全工艺流程(接触式曝光机)实验课、等离子体干法刻蚀工艺及检测实验课。其中，实验课由授课教师及各仪器对应的负责辅导员对学生分组授课；实验授课在不同的实验室内，利用E系列教学仪器分组、分批次同时开展全系列各项实验。

整套课程力求让学生在了解集成电路制作基本原理与方法的基础上，紧密地联系生产实际，在实验中实际动手操作，方便地理解这些原本复杂的工艺和流程，从而系统掌握半导体集成电路制造技术。"讲授+研讨+实验"教学模式使得选修该课程的所有学生能够深入工艺线，针对薄膜沉积、光刻工艺、刻蚀工艺等多项集成电路关键工艺，深入地开展主动式动态学习。

9.1.3　参考教材

(1)崔铮, 2009. 微纳米加工技术及其应用. 2 版. 北京: 高等教育出版社.

(2)坎贝尔, 2010. 微纳尺度制造工程. 3 版. 北京: 电子工业出版社.

(3)夸克, 瑟达, 2015. 半导体制造技术. 韩郑生, 等译. 北京: 电子工业出版社.

(4)维德雷希特, 2011. 纳米制造手册. 北京: 科学出版社.

(5)萧宏, 2013. 半导体制造技术导论. 2 版. 杨银堂, 段宝兴译. 北京: 电子工业出版社.

(6)姚汉民, 胡松, 邢廷文, 2006. 光学投影曝光微纳加工技术. 北京: 北京工业大学出版社.

9.2　教 学 大 纲

9.2.1　内容提要

课程有约 31 学时相关知识课堂讲授, 以及约 21 学时微电子工艺与装备技术实验课, 课程安排教师在完成理论知识的课堂授课之后, 带领各仪器对应的负责辅导员对学生分组实验授课(应用不同的仪器装备同时开展各项实验)。

9.2.2　教学内容

1. 泛半导体产业体系介绍(3 学时)

第 1 节: 半导体制造概述及课程介绍;
第 2 节: 学习方法介绍;
第 3 节: 集成电路装备技术。

2. 集成电路装备技术基础(3 学时)

第 1 节: 集成电路通用工艺及装备介绍(材料、硅片、环境调控、氧化与掺杂);
第 2 节: 工艺设备及其内部气体控制(真空、等离子体);
第 3 节: 先进 CMOS 工艺集成体系、后道工艺及参数测试装备体系。

3. 光刻装备系统及掩模制造引论(3 学时)

第 1 节: 微光刻与微纳米加工技术的发展历程;
第 2 节: 光掩模制造技术与掩模版制造设备的应用技术;
第 3 节: 光学曝光分辨率增强技术与光波前工程。

4. 版图设计工具及数据处理技术(3 学时)

第 1 节: 集成电路版图设计工具 L-Edit 图形编辑软件的应用技巧;
第 2 节: 任意角度与任意函数的微光刻图形数据处理技术;

第 3 节：光学邻近效应与电子束曝光邻近效应校正数据处理技术。

5. 电子束光刻装备技术及其应用(3 学时)

第 1 节：电子束光刻技术的应用；
第 2 节：电子抗蚀剂的应用技术；
第 3 节：纳米电子束直写中若干问题的讨论。

6. 微纳光刻技术的发展与展望(3 学时)

第 1 节：下一代光刻技术与计算光刻技术及准备系统；
第 2 节：传统和非传统的微纳米制造技术与准备系统；
第 3 节：后摩尔时代的微纳光刻技术的展望与标准化技术体系。

7. 薄膜生长设备及相关技术(3 学时)

第 1 节：蒸发、溅射等物理沉积技术的设备结构、工作机理及应用；
第 2 节：外延生长技术的设备结构、生长机理、影响因素及发展趋势；
第 3 节：化学气相沉积技术的设备结构、原理、各种系统的发展历史及远景展望。

8. 刻蚀工艺设备及相关技术(3 学时)

第 1 节：刻蚀分类、特点、作用以及在集成电路制造工艺中的地位；
第 2 节：干法刻蚀机与相关技术；
第 3 节：商业化装备与设备商详解。

9. MEMS 体系与原位检测装备(4 学时)

第 1 节：常见 MEMS 器件、基本原理及体、表面微机械加工技术；
第 2 节：应用需求与相关装备；
第 3 节：材料与结构制备及实时在线原位检测与检测仪器装备；
第 4 节：系统集成与商业化设备。

10. 掩模设计及工艺线实体考察(4 学时)

第 1 节：掩模设计(L-Edit 讲解及点评)；
第 2 节：工艺线实体考察回顾。

11. 全流程工艺线及相关设备实体考察(5 学时)

第 1 节：超净环境及新风系统、去离子水系统、灰区、气路及真空系统；
第 2 节：更衣流程及实验室操作规范、实验环境及相关工艺；
第 3 节：全工艺流程演示(ALD+光刻+干法刻蚀，光刻+PVD+湿法腐蚀)。

12. 光刻全工艺流程操作及观测(4 学时)

第 1 节：光刻工艺分步骤参照实物讲解；
第 2 节：光刻机原理参照实物讲解；
第 3 节：光刻流程实验(预备、正胶、负胶、结束)。

13. 等离子体干法刻蚀工艺及检测(4 学时)

第 1 节：RIE 装备实体解析(拆机讲解真空气路电气系统)；
第 2 节：工艺操控(参数设置、开机、起辉、刻蚀)；
第 3 节：工艺调控与结果检测对比解析。

14. 薄膜沉积及检测(4 学时)

第 1 节：物理气相沉积 PVD 装备实体解析(拆机讲解真空气路电气系统)；
第 2 节：物理气相沉积 PVD 工艺操控(参数设置、开机、起辉、刻蚀)；
第 3 节：化学气相沉积 ALD 装备实体解析及操控。

15. 相关设备发展史与产业化进程

第 1 节：集成电路产业及设备体系发展史，技术进步、竞争与立身；
第 2 节：常见问题；
第 3 节：新技术发展与新原理设备。

9.3　教学课时安排

9.3.1　总体授课安排

该课程有约 31 学时相关知识课堂讲授，以及约 21 学时微电子工艺与装备技术实验课，需安排专项仪器装备实物操控及工艺探索实践教学授课。

第一部分：集成电路工艺技术与装备，相关知识课堂讲授，约 31 学时，如表 9-1 所示。

第二部分：微电子工艺与装备技术实验课，课程安排了专项工艺实验室授课及动手操作，约 21 学时，如表 9-1 所示。

表 9-1　授课时间安排表

教学周次	授课时间(示例)	授课人	备注
第 2 周	13:30~16:20	教师	第 1 章，3 学时，课堂授课
第 3 周	13:30~16:20	教师	第 2 章，3 学时，课堂授课
第 4 周	13:30~16:20	教师	第 3 章，3 学时，课堂授课
第 5 周	13:30~16:20	教师	第 4 章，3 学时，课堂授课

续表

教学周次	授课时间(示例)	授课人	备注
第 7 周	13:30～16:20	教师	第 5 章，3 学时，课堂授课
第 8 周	13:30～16:20	教师	第 6 章，3 学时，课堂授课
第 9 周	13:30～16:20	教师	第 7 章，3 学时，课堂授课
第 10 周	13:00～19:00	教师	第 8 章，3 学时，课堂授课
第 11 周	13:00～18:30	教师、辅导员	第 10 章，5 学时，实践教学
第 12 周	13:00～18:30	教师、辅导员	第 2 章，4 学时，实践教学
第 13 周	13:00～18:30	教师、辅导员	第 3 章，4 学时，实践教学
第 14 周	13:00～18:30	教师、辅导员	第 4 章，4 学时，实践教学
第 15 周	13:30～16:20	教师、辅导员	第 6 章，4 学时，实践教学
第 16 周	13:30～16:20	教师	第 1～10 章，4 学时，课堂授课
第 17 周	13:30～16:20	教师	第 1 章，3 学时，课堂授课
第 18 周	13:30～16:20	考试	2 学时

因微电子学是在实验基础上建立的高速发展学科，课程首席教授夏洋研究员带领团队研发了全套专业的集成电路 E 系列教学设备，实现了"讲授+研讨+实验"型教学模式，如图 9-1 所示。

图 9-1 教学模式：讲授+研讨+实验

教学团队在实验过程中设置了关键知识点及学科最新进展，让教师能够进行实际的教学演示，学生能够直观地从实践操作中理解工艺及装备原理，实现科学前沿和系统教学的高度融合。

9.3.2 实验课程授课安排

该实验课程由教师及各仪器对应的负责辅导员对学生分组授课，如表 9-2 所示，所有课程在不同的实验室内同时开展各项实验，如表 9-3 所示。其中 21 学时的实验课程安排如下。

表9-2 实验课程安排

时间		实验一：全工艺流程工艺线考察实验课(中国科学院微电子研究所集成电路先导工艺研发中心)			
第11周	13:30～15:00	A1组	A2组		10人
	15:00～16:30	A3组	A4组	B1组	13人
	16:30～18:00	B2组	B3组	B4组	13人
		实验二：相关仪器设备实体考察实验课(中国科学院微电子研究所微电子仪器设备研发中心)			
	13:30～15:00	B2组	B3组	B4组	13人
	15:00～16:30	A1组	A2组		10人
	16:30～18:00	A3组	A4组	B1组	13人
		实验三：微光刻及微纳米加工技术实体考察实验课(中国科学院微电子研究所微电子器件与集成技术重点实验室)			
	13:30～15:00	A3组	A4组	B1组	13人
	15:00～16:30	B2组	B3组	B4组	13人
	16:30～18:00	A1组	A2组		10人
		实验四：光刻全工艺流程实验课	实验五：微光刻及微纳米加工技术实验课	实验六：等离子体干法刻蚀工艺及检测实验课	实验七：薄膜沉积与检测实验课
第12周	13:00～16:00	A1组	A2组	A3组	A4组
	15:30～18:30	B1组	B2组	B3组	B4组
第13周	13:00～16:00	A2组	A1组	A4组	A3组
	15:30～18:30	B2组	B1组	B4组	B3组
第14周	13:00～16:00	A3组	A4组	A1组	A2组
	15:30～18:30	B3组	B4组	B1组	B2组
第15周	13:00～16:00	A4组	A3组	A2组	A1组
	15:30～18:30	B4组	B3组	B2组	B1组

注：尽量将晚上有课的学生安排在A组。

表9-3 实验课程分组安排

序号	人数	小组分组
A1组	8	A1-1组3人，A1-2组3人，A1-3组2人
A2组	7	A1-1组3人，A1-2组2人，A1-3组2人
A3组	7	A1-1组3人，A1-2组2人，A1-3组2人
A4组	6	A1-1组3人，A1-2组1人，A1-3组2人
B1组	6	A1-1组2人，A1-2组2人，A1-3组2人
B2组	6	A1-1组2人，A1-2组2人，A1-3组2人
B3组	6	A1-1组2人，A1-2组2人，A1-3组2人
B4组	7	A1-1组3人，A1-2组2人，A1-3组2人

1. 全流程实体考察实验课(参考"微电子工艺与装备技术"教案第 1 章)

1) 实验一：全工艺流程工艺线考察实验课

安排于中国科学院微电子研究所集成电路先导工艺研发中心工艺线进行实验课授课。

2) 实验二：相关仪器设备实体考察实验课

安排于中国科学院微电子研究所微电子仪器设备研发中心工艺线进行实验授课。

3) 实验三：微光刻及微纳米加工技术实体考察实验课

安排于中国科学院微电子研究所微电子器件与集成技术重点实验室工艺线进行实验授课。

2. 实验操作课

1) 实验四：光刻全工艺流程实验课(参考本书第 4 章)

安排于中国科学院大学集成电路学院的微电子工艺实验室，由教师及相关实验系统配套辅导员采用接触式光曝机(3 套)进行实验授课。

2) 实验五：微光刻及微纳米加工技术实验课(参考本书第 5 章)

安排于中国科学院大学集成电路学院的微电子工艺实验室，由教师及相关实验系统配套辅导员采用接触式曝光机(3 套)进行实验授课。

3) 实验六：等离子体干法刻蚀工艺及检测实验课(参考本书第 6 章)

安排于中国科学院大学集成电路学院的微电子工艺实验室，由教师及相关实验系统配套辅导员采用 RIE 刻蚀机(2 套)进行实验授课。

4) 实验七：薄膜沉积与检测实验课(参考本书第 3 章)

安排于中国科学院大学集成电路学院的微电子工艺实验室，由教师及相关实验系统配套辅导员采用磁控溅射台(2 套)以及原子层沉积设备(1 套)进行实验授课。

集成电路技术应用广泛，因此所选课程的学员会涉及多个专业。针对这一特点，教学团队编写了详尽的教案，自行执笔或参加编写多份辅助教材参考资料，同时设计了结合实验教学的全新实践教学模式，其中包括集成电路技术的最新进展、系统的知识和实现方法。同时每次课程均建立了师生交流群，该群包括各届同学、教师、集成电路行业专家，整个教学过程及学生毕业后，都能实现师生共同参与的自由交流讨论，达到长期教学目的。

本课程已为微电子学与固体电子学、通信与信息系统、电力系统及其自动化、电磁场与微波技术、生物电子学等 32 个专业的学生提供了科研及基础实验教学服务。自 2015 年初起，已有 423 人使用实验室中的全套集成电路仪器设备进行实验和测试，总计完成 167h 的实验课程，并收集了 1016 份专业技术报告，如图 9-2 所示。

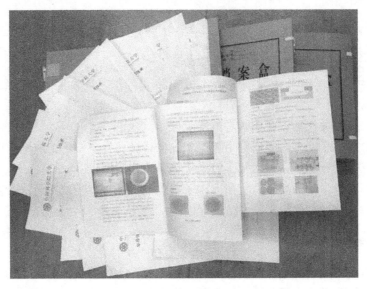

图 9-2　系列集成电路仪器设备实验报告

第 10 章　示例实验室简介

10.1　背 景 概 述

10.1.1　建设实验室的目的和意义

以实验为基础建立并高速发展的微电子学具有很强的实用性，其发展水平直接影响整个信息技术的未来。其中集成电路技术站在制造业的最高端，包括电子工程、集成电路、纳米科技、微机械系统、照明显示、生物医学等多领域的重要应用，其发展水平直接影响整个信息技术的未来。

微电子学相关课程涉及了众多学科知识点，如电子科学与技术、集成电路科学与工程等，它以此为依托培养掌握微电子学专业所必需的基本理论、基础知识和基本实验技能，并能在微电子学及相关领域从事科研、教学、产品开发、工程技术服务、生产管理与行政管理等工作的高级专业人才[122]。

但是，由于微电子技术发展迅速，而专用微电子工艺设备价格高昂，多数实践教学难以实施，这已成为制约培养合格微电子专业人才的瓶颈。因此无论国际上还是国内广大院校，由于本身不具备全面的实验环境，教学工作多以课堂讲解等基础授课方式完成。学生很难从被动地听取理论知识中系统地掌握半导体集成电路制造技术。

因此，中国科学院大学建立了微电子科教融合实验室，让教师能够进行实际的教学演示，学生能够真正地动手实践操作，支持中国科学院相关教学与科研，符合中国科学院"一三五"战略规划。建立微细加工教学实验室填补了中国科学院大学在微纳米加工实验上的空白，更是中国科学院大学跨越式发展战略需要。该教学实验室旨在在核心电子芯片技术领域，包括微电子器件、微机电系统(MEMS)和光学器件、微传感器技术方向开展前沿研究和高水平研究生教学实验工作，以及促进电气工程、计算机科学、生物工程、化学工程和材料科学等学科之间的跨学科创新研究，对关键的微纳米尺度加工基础支撑条件进行投入，建设开展前沿研究和研究生教学实验所需的关键技术教学实验室。

10.1.2　国内外发展趋势

微电子工业发展曾经以美国、西欧、日本、韩国等发达国家和地区为主导。我国微电子技术产业正进入迅猛发展时期，作为国际半导体制造中心，已成为世界上主要的芯片供应地。我国对超大规模集成电路设计技术的推广和应用高度重视，北京、上海、深圳等地先后建立了不同规模的集成电路产业中心，其中高等院校、研究所以不同形式参与其中，并扮演了重要角色。

国内已有上百所开设了微电子学、固体电子学、材料学等相关专业的院校。在信息学科类教学体系中，除理论教学外，实践教学占据重要位置，根据本学科教师以往的授课经验，相关的课程只有教做结合、与实验性质的教学紧密结合，才可能让学生实质性地理解半导体集成电路制造工艺技术的基本原理与技术。因此，实践教学用硬件平台建设任务极为重要，直接关系到教学计划的落实及教学任务的顺利实施。但由于微电子技术发展迅速，专用的微电子工艺设备价格昂贵，教学经费问题使得多数实践教学难以实施，已成为培养合格微电子专业人才的瓶颈。

以哈佛大学、波士顿大学、布朗大学等为代表的国际高端院校，目前的发展路线多是建立开放实验室和完善的学生培训工作，理论教学结合公共平台开展实践教学，开展针对开放设备的学生年度培训。并且充分与产业界结合，协作创新、交流共享，实现"开放"和"封闭"的实验室之间的相对平衡，促进科研学科之间的互动和以团队为基础的研究。

其中，加利福尼亚大学伯克利分校是建立微细加工实验室最早和最成功的实验室之一。加利福尼亚大学伯克利分校微细加工实验室的运行直接支撑着伯克利电气工程与计算机科学系高水平的研究工作以及跨学科合作和协作研究，并为其教学提供了坚实的实验支撑环境，培养出众多杰出人才。实验室主要规划如下。

(1)计算机区，用作器件和电路版图设计。

(2)光刻中心，包括三台步进和重复缩小式曝光机、两台接触式对准机和一套配置有光学图案生成器的掩模制作设备。

(3)硅片制程处理区，装备有气相沉积仪和大气熔炉、专用工艺等离子蚀刻机、湿法处理站，以及用于在线和特殊分析诊断的各种计量仪器。

(4)具有化学-机械抛光和层间电介质沉积的平整化实验室。

(5)高真空系统集群工具，用于基于金属薄膜的直流磁控溅射。

实验室先进完备的微细加工条件为完成该课程的实验内容提供支撑，为每个学生提供自己动手制作芯片的机会。

国内以清华大学、北京大学、复旦大学、电子科技大学等为代表的国内重点高校，已建立了多个国家、地区或者该领域的科教实验室。例如，北京大学微电子系微米/纳米加工技术国家重点实验室，拥有 900m² 超净厂房，150 余台工艺实验和检测设备。但是以上实验室由于设备昂贵等，多用于某些具体的前沿科学研究，很难全面开放与实践教学充分结合。还有更多的高校因为本身就不具备全面的实验环境，教学工作均以基础授课及计算模拟练习等方式完成。

10.2　教　学　特　色

中国科学院大学集成电路学院是中国科学院大学为贯彻落实示范性微电子学院的工作要求而成立的，学院将进一步发挥中国科学院在设施设备、专家队伍、体制机制等方面的综合优势，紧密结合产业发展，通过与企业联合办学的新模式，努力培养符合企业需求的国际化、复合型、实用性高端人才，尽快形成相应的科教融合平台[165, 166]。

中国科学院大学大力加强实践教学环节，从根本上改变国内院校实践教学体系建设和实验教学模式陈旧、理论与实际脱节严重的状况，搭建与教学紧密结合的实践教学实验空间，前瞻性地打造出示范性微电子学教学平台。在此基础上，中国科学院大学在微电子领域具有极高的研究水平、学术声誉和展示效果，提升了学校的影响力。并且，将辐射全国高校及相关产业链，带动我国微电子行业的全面发展。

微电子科教融合实验室以中国科学院大学集成电路学院全体教师为技术依托，以创建企业、高校协同教学为硬件依托，实现以市场为主导的产学研融合，满足微电子学人才市场的迫切需求。目前该平台已形成一支包括物理电子学、电路与系统、微电子学与固体电子学、电磁场与微波技术等结构合理的技术队伍。

兼顾经费与本校的教学和科研实际，建立微电子科教融合实验室，将缩小我们与国外同行在相关领域的差距，在科研和教学手段上有助于逐步实现与国际接轨，对于为国家培养高水平创新与创业人才具有关键意义。

该实验室教学具有如下特点。

(1)专业受众：半导体、集成电路、材料、微光学、生命科学、凝聚态物理、化学等科学研究与生产。

(2)CMOS / MEMS 全流程实验平台，如图 10-1 所示。

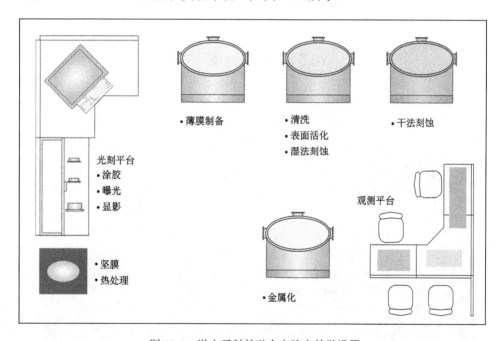

图 10-1　微电子科教融合实验室教学设置

(3)按照工业研发需求设计和建设、采用产业技术研发模式进行管理并由国际化研发团队运作的研发中心。

该实验室的建立将填补中国科学院大学在微纳米加工实验上的空白，搭建出一个科教融合的工艺平台，该平台可以自主研发微电子装备、成套工艺与技术，是一个集成电路及硅基兼容技术的开放创新平台、对外开放的技术服务平台、集成电路技术实训基地、国产设备与材料的验证和开发平台。科教融合在教学及实验的配合上逐步做大做强，是中国科学院大学在教学上的跨越式发展战略需要，也是学校达到发展目标的一个关键点。

中国科学院大学目前开设的与"微细加工实验教学实验室"相关的课程如下。

(1) 生物医学工程。

(2) 纳米科学技术概论。

(3) 无线传感器网络。

(4) 现代传感器技术与应用。

(5) 微电子工艺与装备技术。

(6) 超大规模集成电路基础。

(7) 电子电路技术与设计。

(8) 专用集成电路设计。

(9) 微电子机械系统引论。

(10) 集成电路制造工艺与设备。

(11) 半导体工艺与制造技术。

(12) 生物传感教学实验。

(13) 纳米科学技术实验。

10.3　实 验 条 件

目前已设置微电子及微系统教学实验室一间,坐落于中国科学院大学教 1 实验楼三楼 319～325 号,约 $200m^2$,如图 10-2 所示。

彩图

(a) 2套光刻曝光系统实物照片

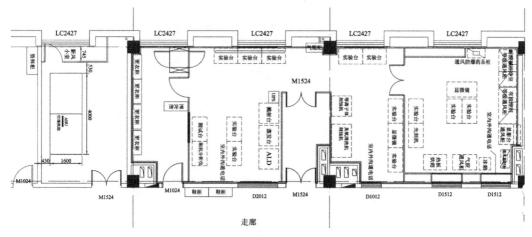

(b) 微电子科教融合实验室设计图纸

图 10-2　微电子科教融合实验室

　　实验室内部规划如表 10-1 所示，实验室配套耗材列表如表 10-2 所示。

　　该实验室的建设与完善，将进一步优化大学教学模式的整合，促使整个教学过程是师生共同参与、动态双向的信息传播过程。初期课堂教学采取讲课为主、自学讨论为辅的形式，同时穿插安排微电子生产线等参观的实践教学环节。在教授各个单元、章节重点内容之后，将配合配套的实验课程系列开展针对关键工艺操作与测试的实践教学内容，教、学互动，让学生在实际动手操作情景中理解课堂讲授内容，提高学习效率，如图 10-3 所示。

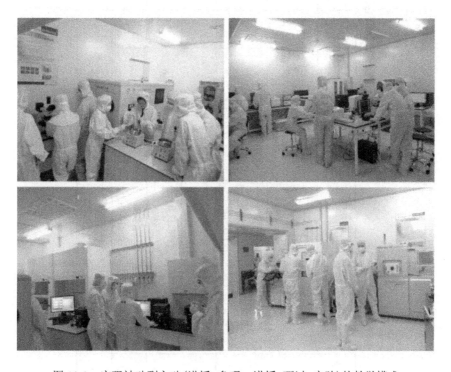

图 10-3　实现被动到主动(讲授+参观→讲授+研讨+实验)的教学模式

表 10-1　教学实验室建设具体需求表

序号	实验室类型	仪器设备名称	数量	实验室面积/m²	准备间面积/m²	库房面积/m²	实验台规格(长×宽)/(m×m)	实验台数量/台	使用人数/人次	工艺说明	环境要求	废弃物说明	特殊需求	备注
1	薄膜沉积工艺	E 系列科教仪器——磁控溅射(PVD-50E)	2	50	20	10	2×2	1	50	薄膜沉积制程	无尘	废气	无尘空间	实验课由授课教师及各仪器对应的负责辅导员对学生分组授课；在不同的实验室内，利用 E 系列教学仪器分组、分批次同时开展全系列各项实验
2		E 系列科教仪器——原子层外延(ALD-50E)	1				—	—						
3		E 系列科教仪器——曝光机(UVLP-50E)	2			—	—	—						
4	光刻工艺	E 系列科教仪器——匀胶机(KW-4T)	3	50	20	—	2×2	1		曝光显影制程	无尘	有机/无机废液	黄光无尘空间	
5		E 系列科教仪器——热板(PRB-50E)	2			—	2×2	1						
6	刻蚀工艺	E 系列科教仪器——刻蚀机(RIE-50E)	2	40	20	10	2×2	1		干式刻蚀制程	无尘	废气	无尘空间	

表 10-2　实验室配套耗材列表（一年份耗材量）

序号	产品名称	型号规格	单位	数量	备注
1	衬底	2in硅片	片	200	工艺实验衬底材料，以50人每学时需1片，每年实验课程共计50学时计数
		4in硅片	片	25	
		玻璃片	片	25	
2	光刻胶	薄光刻胶(AZ1818等)	瓶(qt)	1	光刻实验工艺材料，以50人每学时需1套，每年实验课程共计1套计数。其中，1qt=946.35ml；1gal=3785.41ml
		中等厚度光刻胶(AZ6130等)	瓶(qt)	1	
		厚光刻胶(AZ4620等)	瓶(qt)	1	
		SU8胶	L	10	
3	光刻辅助	去胶液 ACT930	瓶(gal)	10	
		显影液 MF-320	20L/桶	2	
4	化学溶液	氢氟酸(MOS纯)	瓶(1gal)	10	预备清洗、湿法腐蚀工艺实验，以50人每学时需1套，每年实验课程共计1套计数
		BOE(MOS纯)	瓶(1gal)	10	
		硫酸(MOS纯)	瓶(1gal)	20	
		过氧化氢(MOS纯)	瓶(500ml)	40	
		发烟硝酸(分析纯)	瓶(1gal)	10	
		丙酮(MOS纯)	瓶(1gal)	40	
		无水乙醇(MOS纯)	瓶(1gal)	40	
		异丙醇(MOS纯)	瓶(1gal)	20	
		KOH(优级纯)	瓶	100	
		四甲基氢氧化铵	瓶	20	
5	靶材	Au靶	g	380	物理气相沉积工艺实验，以50人每学时需1套，每年实验课程共计1套计数
		Ni靶	组	5000	
		Cr靶	组	5000	
		Ti靶	组	5000	
		Cu靶	组	5000	
		Al靶	组	5000	

续表

序号	产品名称	型号规格	单位	数量	备注
6	特殊气体	SF$_6$	瓶	8000	等离子体刻蚀工艺实验，以 50 人每学时需 1 套，每年实验课程共计 1 套计数
		SiH$_4$	瓶	4500	
		高纯氢气	瓶	1500	
		高纯氩气	瓶	1500	
		高纯氮气	瓶	1500	
7	前驱体源	四甲基氢氧化铵	瓶	1500	化学气相沉积工艺实验，以 50 人每学时需 1 套，每年实验课程共计 1 套计数
		四(二甲基酰胺)铪	瓶	1500	
8	安全防护用品	防毒面具	组	4	供在浓烟、毒气、蒸汽或缺氧等各种环境下使用
		空气呼吸器	组	1	供在浓烟、毒气、蒸汽或缺氧等环境下安全有效地进行灭火、救灾和救护工作
		防酸碱手套、面罩、围裙、吸液棉	组	10	供在强酸腐蚀有机溶液清洗、湿法腐蚀实验中使用
9	工具	根据仪器配件配套	套	1	工具箱、千分尺、英制公制扳手、锤子、钳子
		根据清洗槽尺寸配套	套	1	水桶、水盆、洁净箱
10	实验器皿	根据实验设定	组	10	试剂器皿(喷壶等)、玻璃器具及工具、石英器皿及工具(可耐受 800℃高温)、塑料器皿及手持工具(包括聚四氟防酸碱器皿及工具)
11	样品器皿	根据设计定制尺寸	组	10	样品盒(单片、多片、碎片、自吸附、防静电等)
12	净化服、净化鞋	根据设计定制尺寸	组	60	学生用 40 套可 20 组替换，工作人员 10 套可 5 组替换，参观用 10 套
13	净化用品	根据设计定制尺寸	组	10	镊子、棉签、无尘布、无尘纸、口罩、头套、手套、一次性鞋套

10.4 教 学 仪 器

10.4.1 集成电路 E 系列科教融合仪器

微电子学是一门在实验基础上建立的高速发展的应用型学科,站在制造业的最高端,包括 LED 照明、纳米科学、无线传感、生物医学等多领域的重要应用。除理论教学外,实践教学任务占据重要位置,直接关系到教学计划的落实及教学任务的顺利实施。本微纳电子器件及工艺教学实验室的建设规划必须与行业发展规划一致,并且具有一定的前瞻性。实验教学实验室支持在实验室环境中实现集成电路(IC)和微机电系统的加工教学,如图 10-4 所示,将搭建与理论教学紧密结合的实践教学实验空间。

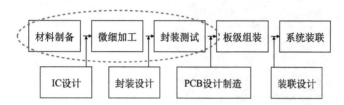

图 10-4 教学实验室涵盖半导体加工工艺教学内容示意图

为此,中国科学院微电子研究所微电子仪器设备研发中心主任夏洋研究员,带领着本学科技术人员团队国际首创地研发了全套国产教学设备,用于课程的全系列教学演示及实验教学,首次启动了我校的集成电路系列科教融合设备开发和实践教学工作。

教学实验室以支持芯片加工核心光学光刻工艺的光刻机为中心建立,主要设备或系统包括光刻机、光刻胶处理系统、薄膜沉积系统、刻蚀装置等系列半导体相关学科的专业基础课教学仪器。

E 系列(Education)科教仪器包括光刻机、涂胶机、热板、刻蚀机、磁控溅射、远程等离子体原子层沉积、化学气相沉积、扩散炉、退火炉、清洗机等系列半导体相关学科的专业基础课教学仪器。为面向国内广大院校的微电子学科低成本实践教学,全套 E 系列仪器均具有以下特点。

(1)安全可靠:设计具有完备安全标识,无须操作部件模块整体封闭。

(2)可操作性:按钮形式简易可控,设计中包括多项功能、操作标识。

(3)整体配套系统:多视窗、一体化设计,具有可视化效果。

(4)设备成本低、易维护。

10.4.2 光刻系统

1. 紫外线曝光机

在主流的微纳电子加工工艺中,光刻是最复杂、昂贵和关键的工艺,它把 IC 设计的信息转移到半导体圆片上。考虑到步进投影式光刻机价格昂贵,因此选择价格相对便宜且原理简易明晰的接触式/接近式光刻机,如图 10-5 所示。

用于微纳图形制备,
突破LED紫外光源、
光学对准等技术

配置	性能指标
基片大小	2英寸/2 in
光源波长	365纳米/365 nm
曝光分辨率	<1微米/<1μm
曝光均匀性	<10%
曝光方式	接近式/Proximity
曝光强度	3毫瓦/平方厘米/3mW/cm²
对准分辨率	<1微米/<1μm
对准放大倍数	5倍/5x
视场面积	6.8mm×5.0mm至 2.1mm×1.5mm

彩图

图 10-5　E 系列科教仪器——曝光机(UVLP-50E)

标准的光刻和正面对准采用目镜或双视频显微镜模块就可以完成。采用低衍射曝光系统后,除了可以进行高分辨率的标准光刻应用外,还可以完成特殊的技术:键合对准、近场全息光刻、紫外加工工艺、紫外固化纳米压印等。

UVLP-50E 曝光机具有如下特点。

(1)具备真空接触、硬接触、软接触以及接近式曝光模式。

(2)具有键合对准功能。

(3)具有正面和背面对准功能。

(4)最大芯片尺寸 6in,圆片。

(5)图像增强功能。

(6)紫外曝光分辨率小于 0.7 μm。

(7)正面对准精度为±0.5 μm,背面对准精度为±1 μm。

2. 光刻胶处理系统

在衬底片表面涂敷一层黏附性良好的、厚度均匀的、致密的连续性胶膜是图形转移工艺中的关键步骤。为了保障工艺中光刻胶厚度的精准控制,需要采用光刻胶涂覆设备。教学中采用在各大高校研究所具有广泛应用的 KW-4T 型匀胶机旋转涂光刻胶,如图 10-6 所示。该仪器体积小、简单易操作,不同的光刻胶要求不同的旋转涂胶条件(一般选择速度为先慢后快),一些光刻胶应用的重要指标是时间、速度、厚度、均匀性、颗粒沾污以及缺陷,如针孔。

可用于硅片/载玻片/化合物镜片/ITO/导电玻璃等各种基底材料的表面处理和涂敷，突破了高速控制技术

配置	性能指标
转速	500~8000 RPM
转速稳定性	<±1%
旋涂均匀性	<3%
基片尺寸	$\phi 5\sim\phi 100$mm 圆片，最大(100×100)mm^{2}方片
整机尺寸/mm³	$210\times220\times160$
电机功率	40W
适应材料	硅片、玻璃、石英、金属、GaAs、GaN、InP 等各种材料
特殊夹具定制	20年特殊夹具设计经验，完美匹配超薄、异形、脆性易碎样品
旋涂时间	单步工艺 0~60s，满足绝大多数客户需求。特殊可定制
抽气速率	>60L/min

图 10-6　E 系列科教仪器——匀胶机(KW-4T)

同时，实验还采用热板等烘烤仪器进行前烘、后烘等处理，通过在较高温度下进行烘烤，可以使溶剂从光刻胶中挥发出来，从而降低灰尘的沾污、减轻薄膜应力、增强光刻胶对硅片表面的附着力，同时提高光刻胶在随后刻蚀等工艺过程中的抗蚀性能力。

10.4.3　薄膜沉积

1. 物理气相沉积——磁控溅射台

包括蒸发、溅射和离子镀等在内的薄膜沉积方法的总称为物理气相沉积(Physical Vapor Deposition，PVD)，其中磁控溅射是一种典型的物理气相沉积工艺[38-40]。这是一种气相涂层技术，沉积的材料多以固态形式开始，主要利用物理过程，通过电子束、离子束等高能量方案，驱使将要沉积的原材料从靶材表面脱离，由前驱体转为气体或者等离子的气态形式移动至衬底并凝结为固体薄膜。和化学气相沉积相比，物理气相沉积适用范围广泛，几乎所有材料的薄膜都可以用物理气相沉积来制备。与靶材材料相比，溅射形成的涂层可能具有改善的性能，并且对于绝大多数无机材料以及某种类型的有机材料(特别是金属及较硬的绝缘体)均可用这种工艺进行沉积。但是，这种工艺仍存在复杂三维嵌套结构难以保形覆盖、工艺成本高、工艺过程复杂以及成本控制等需要攻克的问题难点。

实验将采用典型的磁控溅射台进行物理气相沉积实验教学设计。溅射工艺的物理机制是具有一定能量的入射离子在对固体表面轰击时，入射离子在与固体表面原子的碰撞过程中将发生能量和动量的转移，并可能将固体表面的原子溅射出来沉积于衬底表面。溅射过程都是建立在辉光放电的基础上的，即射向固体表面的离子都来源于气体放电，只是不同的溅射技术采用的辉光放电方式有所不同。

　　安排 SP-3 型磁控溅射台进行实验教学，如图 10-7 所示。该磁控溅射台是一种经长期实践检验、性能优良的科研和生产两用型设备，它可用于各种金属薄膜(如 Au、Ag、Pt、W、Mo、Ta、Ti、Al、Si、ITO 等)的沉积。

用于金属薄膜制备，突破了磁控技术

配置	性能指标
靶材尺寸	3in
样品台尺寸	2in
溅射材料	金属(Au、Pt等)、非金属(ZnO、TiO$_2$等)
电源	直流功率0~2000W，射频0~1000W
气路系统	标配2路进气
操作模式	菜单自动/手动模式
人机界面	Windows环境、触摸屏操作
质量流量计	0~300sccm

图 10-7　E 系列科教仪器——磁控溅射台(PVD-50E)

2. 化学气相沉积——原子层沉积

　　化学气相沉积可沉积单晶/多晶/非晶的 Si、SiGe、SiO$_2$、Si$_3$N$_4$、高 k 栅介质及金属栅薄膜等，应用于多种应用领域。其主要特点是在反应过程中产生化学变化，膜中所有的材料物质都源于外部的源，反应物必须以气相形式产生反应。影响 CVD 沉积速率的具体工艺参数包括温度、流量、压强等。安排 ALD-50E 型原子层沉积设备进行实验教学，如图 10-8 所示。

用于2D薄
膜制备，
突破了面
吸附生长
技术

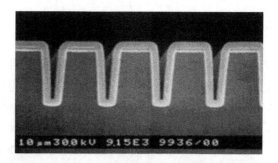

配置	性能指标
功率	110V 交流, 60Hz, 单相, 3kW
晶元尺寸	2″ wafer
衬底温度	室温(RT)至350℃
沉积速率	以Al_2O_3为例，在150℃及0.15Torr 条件下为1.1Å/cycle
控制系统	带触控屏的实验室虚拟仪器工程平台
源数量	4
本底真空	$< 5×10^{-3}$Torr
阀控速率	用于ALD的世韦洛克隔膜阀，响应时间为5ms
尺寸($L×W×H$)	730mm×760mm×1150mm

图 10-8 E 系列科教仪器——原子层沉积(ALD-50E)

原子层沉积(Atomic Layer Deposition, ALD)是化学气相沉积的一种，最初由芬兰科学家在 1974 年提出，具有单原子层逐次沉积、沉积层厚度极均匀、保形性高的特点，已成为先进半导体工艺技术发展的关键环节[53, 54]。原子层沉积工艺中，通常使用两种或多种气体逐一流入真空腔室，并使它们在衬底材料表面发生化学反应。由于反应受到界面层材料官能团的限制，因此原子层沉积用于沉积厚度受控及具有保形性要求的薄膜，这也是原子层沉积对高深宽比台阶、微小尺度结构薄膜沉积具有很大优势的原因。但是，从设备角度来讲，为了限制腔室中的化学反应及其副反应，必须在每次逐层反应之间将气体完全泵出，这时原子层沉积的反应过程相对过于缓慢，但由于集成电路随着摩尔定律关键尺度等比例缩小，原子层沉积的应用已经变得越来越重要。

10.4.4 刻蚀系统

刻蚀是微纳米加工技术中一种重要的工艺手段，其作用是从衬底表面特定区域去除特定深度的材料物质，是一种将掩蔽层图形向衬底层(硅片)转移的技术。刻蚀技术随着半导体集成工艺的发展而演化，根据不同的标准可以将刻蚀分成不同的种类。带有刻蚀气体组分的物理刻蚀可以大大增加刻蚀速率，因而等离子体刻蚀技术被引入。自 1985年以来，用等离子代替液体蚀刻剂来执行刻蚀过程的等离子体刻蚀技术被普遍应用于结构刻蚀。

　　从设备原理来看，等离子体刻蚀装备类似于溅射。等离子体刻蚀基于低温等离子体技术，刻蚀基本原理与上述带有刻蚀组分的物理刻蚀近似。设备的关键性能在于产生正确类型的等离子体，使该等离子体均匀地位于电极和被刻蚀晶圆之间。而刻蚀工艺中会包含物理、化学两种类型，并采用特殊的等离子体源来提供相应的活性粒子及带能离子，且离子的轰击速度可以通过等离子体的鞘层实现调制。

　　工业与研究中应用最为广泛的两种等离子体干法刻蚀机台为平板式容性耦合反应离子刻蚀(CCP-RIE)与感应耦合等离子体反应离子刻蚀(ICP-RIE)。本实验室安排了价格相对较低，操控更为简单的 RIE-50E 等离子体干法刻蚀装备进行实验，如图 10-9 所示。

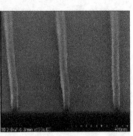

用于微纳图形转移，突破了等离子体化学反应技术

配置	性能指标
样品台尺寸	2 in
工艺模式操作模式	反应离子模式
刻蚀材料	Si/SiO$_2$等
射频电源	功率300W，频率13.56MHz
气路系统	标配2路进气
操作模式	菜单自动/手动模式
人机界面	Windows环境、触摸屏操作
质量流量计	0~200sccm

图 10-9　E 系列科教仪器——刻蚀机(RIE-50E)

　　该感应耦合等离子体反应离子刻蚀机为单室高真空系统，它主要由真空系统、气路系统、电气系统、射频电源系统、自动控制系统、冷却系统、报警系统等组成。其中真空系统由一个分子泵加一个直联旋片式真空泵组成抽气系统，将真空室抽至高真空，分子泵与真空室之间装有一个可调节阀及一个气动插板阀，直联旋片式真空泵为真空室预抽泵及分子泵前级泵。直联旋片式真空泵与真空室之间及与分子泵之间均采用不锈钢硬

管及波纹管连接，并装有电磁气动隔断阀。

设备的主要技术指标如下。

(1) 极限真空度：$9×10^{-5}$ Pa(环境湿度≤55%)。

(2) 刻蚀材料：SiO_2、Si_3N_4、深刻 Si 等。

(3) 刻蚀速率：0.1～2μm/min。

(4) 电极尺寸：ϕ200mm。

10.5　管理方案及规划

专用的微电子工艺设备价格昂贵、应用条件严格苛刻，而所有的电子行业实践已经证明，必须在长期严格管理的高净化等级洁净室中，才能达到相关仪器设备运行条件以及发挥实验设计的预期作用。洁净室是一个多功能的综合整体，包括建筑、空调、净化、纯水、纯气等多专业条件下的多参数控制(空气洁净度、空气的量(风量)、压(压力)、声(噪声)、光(照度)等)。

实验室本身也是通过从设计到管理的全过程来体现其质量的。加强洁净室运行中的维护管理，不仅能确保洁净室内的空气洁净度等级，提高实验质量，而且还是保证安全生产所必需的。因此，必须按自身的特点和具体的工艺要求以及配置的系统、设备情况建立一套科学的、有效的维护管理办法，大体包括以下几类。

(1) 人员、物料进入管理。

(2) 实验环境控制、仪器操作管理。

(3) 各类设备、设施的维护管理。

(4) 周期检查和清扫管理。

以上维护管理办法，通常经由专业的工程人员各自统一按照一定的规章制度长期运行。以各类设备、设施的维护管理为例，需要安排专门的工程人员按规定记录各类设备的运转状态及有关参数，记录和分析定期检查、维修、清洗状态，尤其注意定期检查转动部件、通信和安全报警装置以及自动装置等的完好状态。建立各类设备技术状态、运行档案，将设备、仪器仪表说明书、产品资料以及图纸资料等分类编号妥善保管；设备维修和仪器仪表校正的记录；设备、仪器等的故障或事故记录；运行记录等均应分别汇编成册保管，以便掌握设备、仪表的完好状态和即时分析可能出现的各类问题，确保洁净室正常、安全运行。

以洁净室的清扫为例，工艺实验必须在净化空调系统开机运行时间达到自净要求后方可进行，所以需要安排专门的清扫人员，有效地、适时地完成洁净室的清扫工作，如表 10-3 所示。

这是一个长周期、高成本的运营项目。为了避免长期闲置不用等浪费情况，同时加强新建项目排污、排洪设施设计建设及运行监管，微电子及微系统教学实验室的营运，还可效仿美国加利福尼亚大学伯克利分校微细加工实验室的科研支持以"工程研究支持组织"补偿运行费用方式运营，此营运方式可以为许多科学家、科研单位和工业成员提供先进的加工能力。利用该实验室资源的研究主体多是跨学科的科研项目，可以采用互惠的方式通过交叉利用来进行部分的成本补充,降低实验室的运营成本。

表 10-3　洁净室清扫管理规章

维护内容		<10K 级标准洁净室
地板		每天清扫、擦洗
		每周用洗涤剂擦洗
墙壁		15 天清扫一次、每月用洗涤剂擦洗
吊顶		15 天清扫一次、每月用真空除尘
窗		每周用洗涤剂擦洗
作业面		每天用洗涤剂擦洗
垃圾箱		及时清理
过滤器	初效	不长于一周须清洗一次、适当情况下更换
	中效	不长于一个月须清洗一次、适当情况下更换
	高效	根据洁净度的不稳定性需定期进行清扫或更换

参 考 文 献

[1] 教育部学位管理与研究生教育司. 授予博士、硕士学位和培养研究生的学科、专业目录（1997 年颁布）[EB/OL]. [2005-12-23]. http://www.moe.gov.cn/srcsite/A22/moe_833/200512/t20051223_88437.html.

[2] 施敏. 半导体器件物理与工艺[M]. 2 版. 苏州: 苏州大学出版社, 2002.

[3] 虞浦帆. 集成电路与电子计算机[J]. 电子技术, 1965（7）: 1-2.

[4] SEMICONDUCTOR INDUSTRY ASSOCIATION. Industry glossary[EB/OL]. [2018-10-12]. https://www.semiconductors.org/semiconductors-101/frequently-asked-questions/.

[5] SEMICONDUCTOR ENGINEERING. Knowledge-center[EB/OL]. [2019-10-15]. https://semiengineering.com/knowledge-center/.

[6] 陈宝钦. 微纳光刻与微纳米加工技术（讲义、电子教案）[R]. 中国科学院大学微电子学院, 2016.

[7] 陈宝钦. 中国制版光刻与微/纳米加工技术的发展历程回顾与现状[J]. 微细加工技术, 2006, （1）: 1-2.

[8] MOORE G E. Cramming more components onto integrated circuits[J]. Electronics magazine, 1965, 38（8）: 33-35.

[9] MOORE G E. Progress in digital integrated electronics[A]. IEDM tech digest, 1975: 11-13.

[10] MOORE G E. Lithography and the future of Moore's law[J]. Proceedings of SPIE, 1995, 2437: 37-42.

[11] INTERNATIONAL ROADMAP COMMITTEE. 2013 international technology roadmap for semiconductors（ITRS）[R]. Semiconductor industry association, 2013.

[12] KWON O H. Perspective of the future semiconductor industry: challenges and solutions[C]. IEEE design automation conference ACM. San Diego, 2007.

[13] CEROFOLINI G. Top-down paradigm to miniaturization[M]//Nanoscale Devices. Heidelberg: Springer Berlin Heidelberg, 2009: 9-18.

[14] MACK C A. Fifty years of Moore's law[J]. IEEE transactions on semiconductor manufacturing, 2011, 24（2）: 202-207.

[15] SEMICONDUCTOR INDUSTRY ASSOCIATION. 2015 international technology roadmap for semiconductors（ITRS）[EB/OL]. [2015-06-05]. https: //www.semiconductors.org/resources/2015-international-technology-roadmap-for-semiconductors-itrs/.

[16] 坎贝尔. 微纳尺度制造工程[M]. 严利人, 张伟, 等译. 北京: 电子工业出版社, 2011.

[17] 吴德馨, 钱鹤, 叶甜春, 等. 现代微电子技术[M]. 北京: 化学工业出版社, 2002.

[18] 刘明, 谢常青, 王丛舜. 微细加工技术[M]. 北京: 化学工业出版社, 2004.

[19] 崔铮. 微纳米加工技术及其应用[M]. 2 版. 北京: 高等教育出版社, 2005.

[20] QUIRK M, SERDA J. 半导体制造技术[M]. 韩郑生, 等译. 北京: 电子工业出版社, 2015.

[21] STEIGERWALD J M, MURARKA S P, GUTMANN R J. Chemical mechanical planarization of microelectronic materials[M]. Hoboken: Wiley, 2008.

[22] KIRLOSKAR M, ALCORN A. High speed wafer sort and final test: USA, 20030214317 [P]. 2003.

[23] MINIXHOFER R. Integrating technology simulation[D]. Vienna: Vienna University of Technology,

2006.

[24] PFEIFFER. 真空技术介绍[EB/OL]. [2018-01-10]. https://www.pfeiffer-vacuum.cn/zh/%E4%B8%
93%E4%B8%9A%E7%9F%A5%E8%AF%86/%E7%9C%9F%E7%A9%BA%E6%8A%80%E6%9C%
AF%E4%BB%8B%E7%BB%8D/%E6%A6%82%E8%BF%B0/.

[25] 真空技术网. 机械真空泵按其工作原理及结构特点的主要分类[EB/OL]. [2019-04-18]. http://www.
chvacuum.com/pumps/jixie/0999.html.

[26] MOTT-SMITH H, LANGMUIR I. The theory of collectors in gaseous discharges[J]. Physical review,
1926(28): 727-763.

[27] GOLDSTON R J, RUTHERFORD P H. Introduction to plasma physics[M]. Bristol: Taylor & Francis,
1995.

[28] MOROZOV A I. Introduction to plasma dynamics[M]. Boca Raton: CRC Press, 2012: 17.

[29] 郑伟涛. 薄膜材料与薄膜技术[M]. 北京: 化学工业出版社, 2004.

[30] GOEBEL D M, KATZ I. Basic Plasma Physics[M]. New York: John Wiley & Sons, Inc. , 2008.

[31] 范存养, 汤怀鹏. 洁净室内微粒粒径分布规律[J]. 洁净与空调技术, 1994(1): 14-17.

[32] 张静. 智能型风淋室控制系统的设计与研制[J]. 洁净与空调技术, 2004(4): 52-55.

[33] 孙光前, 沈晋明. 分子污染和硅片隔离技术[J]. 洁净与空调技术, 1999(3): 15-19.

[34] 刘秀喜, 高大江. 半导体器件制造工艺常用数据手册[M]. 北京: 电子工业出版社, 1992.

[35] 纪少亮. ESD 静电释放及防护[J]. 通信与电视, 1994(1): 66-73.

[36] DOBKIN D M, ZURAW M K. Principles of chemical vapor deposition[M]. Dordrecht: Springer
Netherlands, 2003.

[37] WAHL G, DAVIES P B, BUNSHAH R F, et al. Thin films[J/OL]. Ullmann's encyclopedia of industrial
chemistry, 2000: 1-70[2000-06-15]. https: //onlinelibrary.wiley.com/doi/10.1002/14356007.a26_681.

[38] MILTON O. Material science of thin films[M]. 2nd ed. San Diego: Academic Press, 2002.

[39] VOSSEN J L, KERN W. Thin film processes[M]. Amsterdam: Elsevier, 1991.

[40] SESHAN K. Handbook of thin film deposition[M]. 3rd ed. Amsterdam: Elsevier, 2012.

[41] 吴淼. 真空蒸发法制备氧化钒薄膜的工艺研究[D]. 天津: 天津大学, 2004.

[42] 王岩. 磁控溅射法制备类金刚石薄膜的结构与性质研究[D]. 南京: 南京理工大学, 2006.

[43] STANFORD ADCANCED MATERIALS. SAM sputter targets[EB/OL]. [2018-08-13]. http: //www.
sputtering-targets.net/blog/tag/electron-beam-evaporation/.

[44] 孟凡平. 低温磁控溅射制备高性能 AZO 薄膜研究[D]. 宁波: 中国科学院宁波材料技术与工程研
究所, 2016.

[45] 于贺. 不同溅射方法薄膜制备的理论计算及特性研究[D]. 成都: 电子科技大学, 2013.

[46] SESHAN K. Handbook of thin film deposition processes and techniques: Principles, methods,
equipment and applicatios. [M/OL]. 2nd ed. New York: William Andrew, 2001: 319-348. https://www.
sciencedirect.com/book/9780815514428/handbook-of-thin-film-deposition-processes-and-techniques.

[47] KELLY P J, ARNELL R D. Magnetron sputtering: a review of recent developments and applications[J].
Vacuum, 2000, 56(3): 159-172.

[48] 胡昌义, 李靖华. 化学气相沉积技术与材料制备[J]. 稀有金属, 2001, 25(5): 364-368.

[49] HELMERSSON U, LATTEMANN M, BOHLMARK J, et al. Lonized physical vapor
deposition(IPVD): a review of technology and applications[J]. Thin solid films, 2006, 513(1/2): 1-24.

[50] ROSSNAGEL S M. Sputter deposition processes[J]. IBM journal of research and development, 1999, 43(1-2): 163.

[51] 陆海鹏. Fe-N 薄膜的结构与磁性能研究[D]. 成都: 电子科技大学, 2005.

[52] KILNER J A, SKINNER S J, IRVINE S J C, et al. Functional materials for sustainable energy applications[M/OL]. 2012: 22-41. https://www.sciencedirect.com/book/9780857090591/functional-materials-for-sustainable-energy-applications.

[53] NAKAHARA K, TAKASU H, FONS P, et al. Growth and characterization of undoped ZnO films for single crystal based device use by radical source molecular beam epitaxy(RS-MBE)[J]. Journal of crystal growth, 2001(227): 923-928.

[54] 张阳. Fe-N 薄膜的结构余磁性能研究[D]. 北京: 中国科学院大学, 2013.

[55] 桑利军, 赵桥桥, 胡朝丽, 等. 等离子体辅助原子层沉积氧化铝薄膜的研究[J]. 高电压技术, 2012, 38(7): 1731-1735.

[56] 《电子工业专用设备》编辑部. 原子层沉积技术发展现状[J]. 电子工业专用设备, 2010, 39(1): 1-7, 27.

[57] LU J, ELAM J W, STAIR P C. Atomic layer deposition-Sequential self-limiting surface reactions for advanced catalyst "bottom-up" synthesis[J]. Surface science reports, 2016, 71(2): 410-472.

[58] GEORGE S M, OTT A W, KLAUS J W. Surface chemistry for atomic layer growth[J]. The journal of physical chemistry, 2016, 100(31): 13121-13131.

[59] 陈宝钦. 微光刻与微/纳米加工技术[J]. 微纳电子技术, 2011, 48(2): 69-73.

[60] JAEGER R C. Introduction to microelectronic fabrication[M]. 2nd ed. Upper Saddle River: Prentice-Hall, 2002.

[61] BROERS A N. High resolution lithography for microcircuits[M]. Cambridge: Cambridge University Press, 1980: 1-74.

[62] ENGINEERING & PHYSICAL SCIENCES RESEARCH COUNCIL. Lasers in our lives/50 years of impact[M]. Swindon: Science & Technology Facilities Council, 2011.

[63] SU F. Microlithography: from contact printing to projection systems[EB/OL]. [1997-02-01]. https://www.spie.org/news/microlithography-from-contact-printing-to-projection-systems?SSO=1.

[64] LIU M, CHEN B Q, WEI L X, et al. Electron beam/optical stepper mixes and matches lithography[A]. 25th Annual symposium on micro-lithography, SPIE, 2000.

[65] NALAMASU O. An overview of resist processing for DUV photolithography[J]. Journal of photopolymer science and technology, 1991, 4(3): 299-318.

[66] LEPSELTER M P, LYNCH W T. Resolution limitations for submicron lithography[M]//VLSI Electronics Microstructure Science. Amsterdam: Elsevier, 1981: 83-127.

[67] 马建霞. VLSI 曝光成像效果的技术研究[D]. 成都: 电子科技大学, 2005.

[68] JSAMSON A R, EDERER D L. Vacuum ultraviolet spectroscopy Ⅱ[M]. New York: Academic Press, 1998: 205-223.

[69] 龙世兵, 李志刚, 陈宝钦, 等. ZEP520 正性电子抗蚀剂的工艺研究[J]. 微细加工技术, 2005(1): 6-11, 16.

[70] 王海涌, 吴志华. 玻璃基片双面光刻对准工艺流程的研究[J]. 半导体技术, 2006, 31(8): 3.

[71] 张兴, 黄如, 刘晓彦. 微电子学概论[M]. 2 版. 北京: 北京大学出版社, 2005.

[72] 陈宝钦, 刘明, 薛丽君, 等. 微光刻与微纳米加工技术(特邀)[A]//第十三届电子束、离子束、光子

束学术年会论文集. 长沙: 中国电子学会, 2005: 9-23.

[73] 陈宝钦. 光刻技术六十年[J]. 激光与光电子学进展, 2022, 59(9): 508-528.

[74] 吴锡九, 邓先灿. 纪念中国第一只晶体管诞生 50 周年[J]. 微纳电子技术, 2006, 43(354): 503-504.

[75] 陈宝钦, 刘明, 任黎明. 电子束纳米图形曝光邻近效应校正技术[C]. 全国纳米技术与应用学术会议. 厦门, 2000.

[76] 朱贻玮. 中国集成电路产业发展论述文集[C]. 北京: 新时代出版社, 2006.

[77] 张兴, 等. 王阳元文集(第二辑)[M]. 北京: 科学出版社, 2006.

[78] 陈宝钦, 刘明, 任黎明, 等. 微光刻技术[A]//第十一届电子束、离子束、光子束学术年会论文集. 长沙: 中国电子学会, 2001: 48-54.

[79] 王守觉. 微电子技术[M]. 上海: 上海科学技术出版社, 1994: 33-83.

[80] DERBYSHIRE K. 193 纳米还能走多远?[J]. 半导体制造, 2006(7-6): 21-26.

[81] BEEDIE M. 193i 为 45nm 芯片准备就绪[J]. 半导体制造, 2006(7-6): 64-66.

[82] HAND A. 高折射率镜头推动浸没式光刻跨越 32 纳米[J]. 集成电路应用, 200(6): 15-16.

[83] FRANSSILA S. 微加工导论[M]. 陈迪, 等译. 北京: 电子工业出版社, 2006.

[84] CAMPBELL S A. 微电子制造科学原埋与工程技术[M]. 2 版. 曾莹, 等译. 北京: 电子工业出版社, 2003: 1-125.

[85] VAN ZANT P. 芯片制造-半导体工艺制程实用教程[M]. 4 版. 赵树武, 等译. 北京: 电子工业出版社, 2004.

[86] 孙润. Tanner 集成电路设计工具教程[M]. 北京: 北京希望电子出版社, 2002.

[87] 陈宝钦, 胡勇, 刘明, 等. 微光刻技术数据处理及数据转换体系[A]//第十一届全国集成电路与硅材料学术会议论文集. 昆明: 中国电子学会, 2001: 425-430.

[88] 胡勇, 黄广宇, 陈宝钦, 等. 复杂微光刻图形版图设计系统[J]. 微细加工技术, 2002(2): 15-23.

[89] 胡勇, 陈宝钦, 刘明, 等. 在 LEDIT 中加入添加旋转的功能[A]//第十一届电子束、离子束、光子束学术年会论文集. 长沙: 中国电子学会, 2001: 273-275.

[90] 李金儒, 汤跃科, 陈宝钦, 等. CIF 数据格式转换成 PG3600 数据格式的新切割算法[J]. 微细加工技术, 2006(87): 7-12.

[91] 李金儒, 陈宝钦, 汤跃科, 等. CIF 格式挖空多边形切割为 PG3600 格式矩形的算法[J]. 微细加工技术, 2006(88): 5-7, 20.

[92] 汤跃科, 李金儒, 陈宝钦. AutoCAD 数据到掩模版图数据的转换及其速度优化[A]//第十三届电子束、离子束、光子束学术年会论文集. 长沙: 中国电子学会, 2005: 391-395.

[93] 胡勇. 微光刻图形处理及数据格式转换[D]. 北京: 中国科学院微电子研究所, 2002.

[94] 汤跃科. 微光刻图形数据处理与转换[D]. 北京: 中国科学院微电子研究所, 2006.

[95] DERBYSHIRE K. 向移相掩模版转移[J]. 半导体制造, 2006(7-8): 15-18.

[96] QIU Y L, CHEN B Q, LIU M, et al. The application of optical resolution enhancement technology & e-beam direct writing technology in micro-fabrication[C]. SPIE photonics ASIA, advanced microlithography. Beijing, 2004.

[97] 陈宝钦. 光掩模的革命性变革——移相掩模技术[A]//第九届全国集成电路与硅材料学术会议论文集. 西安: 中国电子学会, 1995: 431-434.

[98] 陈宝钦. 真空科学在移相掩模制作技术中的应用[A]//第十届中国真空学会电子材料与器件学术会议论文集. 深圳: 中国电子学会, 1994: 16.

[99] 陈宝钦, 冯伯儒, 周静, 等. 超微细加工与移相掩模技术[A]//第八届电子束、离子束、光子束学术年会论文集. 桂林: 中国电子学会, 1995.

[100] 冯伯儒, 陈宝钦. 无铬相移掩模光刻技术[J]. 光子学报, 1996, 25(4): 328-332.

[101] 冯伯儒, 陈宝钦. 相移掩模的制作[J]. 微细加工技术, 1997(1): 8-16.

[102] LU J, CHEN B Q, LIU M. Method of Printing 100-nm random interconnect pattern with Alt-PSM[C]. International conference of Asia-Pacific optical communications. Beijing, 2004: 55-62.

[103] 陆晶, 陈宝钦, 刘明, 等. 100nm 分辨率的移相掩模技术[J]. 微细加工技术, 2003(4): 27-32.

[104] 陆晶, 陈宝钦, 刘明, 等. 100nm 分辨率交替式移相掩模设计[J]. 固体电子学研究与进展, 2005, 25(2): 260-264.

[105] 陆晶. AltPSM & CPL 强移相掩模技术的研究[D]. 北京: 中国科学院微电子研究所, 2005.

[106] PETERS L. DFM 透视[J]. 半导体国际(中文版), 2005, 1(5): 18.

[107] 谢春蕾. 应用于深亚波长光刻的光学邻近校正技术研究[D]. 杭州: 浙江大学, 2013.

[108] PAIN L, ICARD B, MANAKLI S, et al. Transitioning of direct e-beam write technology from research and development into production flow[J]. Microelectronic engineering, 2006, 83(4/9): 749-753.

[109] 顾文琪. 电子束曝光微纳加工技术[M]. 北京: 北京工业大学出版社, 2004.

[110] 陈宝钦, 任黎明, 刘明. 电子束直写邻近效应校正技术[J]. 半导体学报, 2003(24): 221-225.

[111] 任黎明, 陈宝钦. Monte Carlo 方法模拟低能电子束曝光电子散射轨迹[J]. 半导体学报, 2001, 22(12): 1519-1523.

[112] 任黎明, 陈宝钦, 谭震宇. Monte Carlo 方法研究低能电子束曝光沉积能分布规律[J]. 物理学报, 2002, 51(3): 512-518.

[113] 任黎明, 陈宝钦. Monte Carlo 方法模拟低能电子束曝光电子散射轨迹[J]. 半导体学报, 2001, 22(12): 1519-1524.

[114] 任黎明, 陈宝钦. 电子束曝光的 Monte Carlo 模拟[J]. 微细加工技术, 2002, (1): 1-5.

[115] 陈宝钦, 刘明, 等. 电子束纳米曝光中邻近效应校正技术[J]. 微细加工技术, 2000, (1): 5.

[116] 陈宝钦, 刘明, 等. 电子束光刻技术[A]//第十届电子束、离子束、光子束学术年会论文集. 长沙: 中国电子学会, 2001: 48-54.

[117] 陈宝钦, 刘明, 任黎明, 等. JBX-5000LS 电子束混合光刻对准标记制作技术[A]//第十二届电子束、离子束、光子束学术年会论文集. 北京: 中国电子学会, 2005: 34-38.

[118] 陈宝钦, 刘明, 徐秋霞, 等. 光学和电子束曝光系统之间的匹配与混合光刻技术[C]//第十四届全国半导体集成电路与硅材料学术会论文集. 半导体学报增刊, 2006(27): 1-6.

[119] 任黎明. 电子束曝光的 Monte Carlo 模拟及邻近效应校正技术研究[D]. 北京: 中国科学院微电子研究所, 2002.

[120] 陈宝钦, 刘明, 薛丽君, 等. 电子束光刻常用的抗蚀剂工艺技术研究[A]//第十三届电子束、离子束、光子束学术年会论文集. 长沙: 中国电子学会, 2005: 50-55.

[121] 王云翔, 刘明, 陈宝钦, 等. SAL601 负性电子束抗蚀剂纳米级集成电路加工[J]. 微纳电子技术, 2003(7/8): 167-169.

[122] LONG S L, LI Z G, ZHAO X W, et al. Process study of ZEP520 positive electron-beam resist and its application in single-electron transistor[C]. Proceedings of SPIEA(2004 Asia-pacific photonics and optical communication conference). Beijing, 2004: 255-266.

[123] COBURN J W, WINTERS H F. Ion-and electron-assisted gas-surface chemistry-an important effect in

plasma etching[J]. Journal of applied physics, 1979, 50(5): 3189-3196.

[124] 张庆钊. 300mm ICP 硅栅刻蚀机关键技术和工艺的研究[D]. 北京: 中国科学院微电子研究, 2008.

[125] 汪明刚. 图形化蓝宝石衬底干法刻蚀设备与工艺研究[D]. 北京: 中国科学院研究生院, 2012.

[126] 力伯曼, 里登伯格. 等离子体放电原理与材料处理[M]. 蒲以康, 等译. 北京: 科学出版社, 2007.

[127] KAROUTA F. A practical approach to reactive ion etching[J]. Journal of physics D: applied physics, 2014, 47(23): 233501.

[128] SPARKS M, TEAL G K. Method of making PN junctions: US2631356[P]. 1950. https://www.freepatentsonline.com/2787564.html.

[129] 窦伟. 超低能等离子体浸没注入及其在集成电路工艺中的应用研究[D]. 北京: 中国科学院大学, 2013.

[130] FICK A. Ueber diffusion[J]. Annalen der physik, 1855, 170(1): 59-86.

[131] HAMM R W, HAMM M E. Industrial accelerators and their applications[J]. Back matter, 2012(10. 1142/7745): 413-421.

[132] WILLIAM S. Forming semiconductive device by ionic bombardment: US2787564A[P]. 1957-02-04.

[133] 刘杰. 等离子体浸没离子注入系统及其应用研究[D]. 兰州: 兰州大学, 2012.

[134] 徐旭. 等离子体浸没离子注入系统研制及其相关物理研究[D]. 上海: 复旦大学, 2008.

[135] 刘杰, 汪明刚, 夏洋, 等. 在等离子体浸没离子注入中对不同质量离子分离的装置: 中国, 200910093883[P]. 2009.

[136] GESCHKE O, KLANK H, TELLEMAN P. Microsystem engineering of lab-on-a-chip devices[M]. 2006. https://www.wiley.com/en-cn/Microsystem+Engineering+of+Lab+on+a+chip+Devices-p-9783527606368.

[137] GABRIEL K, JARVIS J, TRIMMER W. Small machines, large opportunities: a report on the emerging field of microdynamics[A]. AT&T bell laboratories. Report of the workshop on microelectromechanical systems research. National science foundation(sponsor), 1988.

[138] ANGELL J B, TERRY S C, BARTH P W. Silicon micromechanical devices[J]. Scientific American, 1983, 248(4): 44-55.

[139] CHOUDHURY P R. MEMS & MOEMS technology & applications[M]. Washington: Spie Press, 2000.

[140] 王喆垚. 微系统设计与制造[M]. 2版. 北京: 清华大学出版社, 2015.

[141] NANO-AND MICROSYSTEMS TECHNOLOGY. A competition of microsystem engineering in Russia[EB/OL]. [2019-10-01]. http://www.microsystems.ru/eng/conf_news.php?id_table=1&file=102.htm.

[142] MOTAMEDI M E. Merging micro-optics with micromechanics: micro-opto-electro-mechanical (MOEM) devices[C]. SPIE annual meeting, proceeding of diffractive and miniaturized optics. Critical reviews of optical science and technology. San Diego, 1993: 302-328.

[143] ABDELMONEUM M A, Demirci M U, Nguyen C T C. Stemless wine-glass-mode disk micromechanical resonators[C]. IEEE the sixteenth international conference on micro electro mechanical systems. Kyoto, 2003: 698-701.

[144] TRIMMER W S. Micromechanics and MEMS: classic and seminal papers to 1990[M]. 1997. https://www.wiley.com/en-ca/Micromechanics+and+MEMS%3A+Classic+and+Seminal+Papers+to+1990-p-9780780310858.

[145] HBM. What is a pressure sensor?[EB/OL]. [2019-10-01]. https: //www.hbm.com/en/7646/what-is-

a-pressure-sensor/.

[146] 刘云飞. 微纳谐振器表征系统研制及射频谐振器的制作与表征[D]. 北京: 中国科学院研究生院, 2011.

[147] LIU C. 微机电系统基础[M]. 黄庆安, 译. 北京: 机械工业出版社, 2007.

[148] 解婧. 高频高品质因子圆盘型微纳机电谐振器的研究[D]. 北京: 中国科学院研究生院, 2011.

[149] RINDLER W. Essential relativity: special, general and cosmological[M]. New York: Springer-Verlag, 1977.

[150] IEEE. IEEE 1431-2004-IEEE standard specification format guide and test procedure for coriolis vibratory gyros[EB/OL]. [2019-10-01]. https://standards. ieee. org/standard/1431-2004. html.

[151] WILLIAMS D E, RICHMAN J, FRIEDLAND B. Design of an integrated strapdown guidance and control system for a tactical missile[C]//Guidance and Control Conference. American Institute of Aeronautics and Astronautics, 1983: 57-66.

[152] YETISEN A K, AKRAM M S, LOWE C R. Paper-based microfluidic point-of-care diagnostic devices[J]. Lab on a chip, 2013, 13(12): 2210-2251.

[153] TABELING P. Introduction to microfluidics[M]. New York: Oxford University Press, 2005.

[154] KIRBY B. Micro-and nanoscale fluid mechanics: transport in microfluidic devices[J]. Particle electrophoresis, 2010(13): 281-297.

[155] KARNIADAKIS G M, BESKOK A, ALURU N. Microflows and nanoflows[M]. New York: Springer, 2005.

[156] WHITESIDES G M. The origins and the future of microfluidics[J]. Nature, 2006, 442(7101): 368-373.

[157] MANZ A, GRABER N, WIDMER H M. Miniaturized total chemical analysis systems: a novel concept for chemical sensing[J]. Sensors and actuators B: chemical, 1990, 1(1/2/3/4/5/6): 244-248.

[158] HARRISON D J, FLURI K, SEILER K, et al. Micromachining a miniaturized capillary electrophoresis-based chemical analysis system on a chip[J]. Science, 1993, 261(5123): 895-897.

[159] DITTRICH P S, MANZ A. Lab-on-a-chip: microfluidics in drug discovery[J]. Nature reviews drug discovery, 2006, 5(3): 210-218.

[160] UNIVERSITY L. An introduction to MEMS(micro-electromechanical systems)[M]. Loughborough: Mendeley, 2002.

[161] STANIMIROVIĆ Z, STANIMIROVIĆ I. Mechanical properties of MEMS materials [M]. Croatia: Intech.

[162] 罗巍. 多物理场耦合键合系统及其在低温键合工艺中的应用研究[D]. 北京: 中国科学院研究生院, 2013.

[163] 孙以材, 庞冬青. 微电子机械加工系统(MEMS)技术基础[M]. 北京: 冶金工业出版社, 2010.

[164] 李浩. 晶圆键合机控制系统的设计与实现[D]. 北京: 华北电力大学, 2012.

[165] 中国科学院微电子研究所. 中国科学院大学获批首批批国家示范性微电子学院建设单位[EB/OL]. [2015-07-29]. http://www.ime.cas.cn/zhxx/zhxw/201809/t20180916_5080137.html.

[166] 中国科学院微电子研究所. 示范性微电子学院建设工作推进会在中国科学院大学召开[EB/OL]. [2015-12-03]. http://www.ime.cas.cn/zhxx/zhxw/201809/t20180916_5080185.html.